AF502510

Seine
No
126
189

MANUEL D'HISTOIRE NATURELLE

AIDE-MÉMOIRE

DE

MINÉRALOGIE

ET DE

PÉTROGRAPHIE

972-95. — CORBEIL. Imprimerie ÉD. CRÉTÉ.

MANUEL D'HISTOIRE NATURELLE

AIDE-MÉMOIRE

DE

MINÉRALOGIE

ET DE

PÉTROGRAPHIE

PAR

Le Professeur Henri GIRARD

AVEC 100 FIGURES INTERCALÉES DANS LE TEXTE

PARIS
LIBRAIRIE J.-B. BAILLIÈRE ET FILS
19, rue Hautefeuille, près du Boulevard Saint-Germain

1896

PRÉFACE

La série d'*Aide-mémoire* dont l'ensemble forme le *Manuel d'histoire naturelle*, a pour objet de permettre aux candidats qui se présentent à tous les examens, dont le programme comporte l'étude des sciences naturelles, de repasser, en un temps très court, les diverses questions que peuvent poser les professeurs d'une Faculté ou le Jury d'un concours pour l'admission à une école.

L'auteur de ces *Aide-mémoire* s'est efforcé d'embrasser, aussi brièvement que possible et sans rien omettre, les sujets des divers programmes, aussi bien celui de la licence ès sciences naturelles, du baccalauréat ès sciences restreint, du certificat d'études physiques, chimiques et naturelles, que celui des concours pour l'admission aux écoles d'agriculture.

Il s'est proposé de mettre en évidence les points les plus importants, avec assez de netteté et de concision pour que le candidat puisse, d'un seul coup d'œil, revoir l'ensemble des matières exigées à son examen. Le but du *Manuel* est plutôt de *rappeler* que d'*apprendre*, et souvent il suffit d'un mot, de l'énoncé d'un principe, ou du nom d'un professeur pour éveiller dans la mémoire le souvenir d'un fait, d'une théorie, d'une découverte ou d'une idée personnelle.

Ainsi conçu, le plan du *Manuel d'histoire naturelle* permet de traiter tous les sujets d'une manière précise. Au début des études, il permettra d'acquérir rapidement des notions suffisantes pour profiter des cours spéciaux ou lire avec fruit les traités complets; aux examens de fin d'année, il facilitera les revisions indispensables.

Dans le présent *Aide-mémoire de Minéralogie et de Pétrographie*, l'auteur a dû, pour conserver le plan du *Manuel d'histoire naturelle*, s'appliquer dans la partie minéralogique à exposer les notions nécessaires à l'intelligence de la composition des roches; l'étude complète de la Minéralogie, est en effet, du ressort de la Physique.

Pour la Pétrographie, l'auteur a condensé autant que possible les idées des professeurs Daubrée, Fouqué, Munier-Chalmas, de Lapparent, A. Michel Lévy, Vélain, Jannetaz et Lacroix.

H. G.

Septembre 1895.

AIDE-MÉMOIRE

DE

MINÉRALOGIE ET DE PÉTROGRAPHIE

CHAPITRE PREMIER

NOTIONS DE MINÉRALOGIE

Roches. — Les *roches* sont les matériaux qui constituent l'écorce solide du globe. Une roche est formée par l'agglomération d'*éléments minéraux*. On doit distinguer deux classes de roches : les roches *endogènes* et les roches *exogènes*.

1° *Roches endogènes*. — Ce sont celles qui résultent de la solidification d'une écorce primitive, ou de l'épanchement, à travers les fentes et crevasses de celle-ci, de matières fluides issues du centre.

2° *Roches exogènes*. — Ce sont celles qui sont le produit des actions exercées par les agents extérieurs sur les matières primitives.

Minéraux. — Les corps que la chimie étudie se trouvent tous, dans la composition des roches, soit seuls, soit combinés de diverses manières pour former les *minéraux*. Cependant il ne faudrait pas s'imaginer que tout corps homogène, en apparence, soit un minéral. Ainsi la *marne* et la *craie*, substances terreuses, toutes deux, semblent homogènes, et l'on est porté à penser que chacune forme un minéral particulier. Il n'en est rien. La craie est du carbonate de calcium, tandis que la marne est un mélange, en proportions variables, d'argile et de carbonate de calcium.

Lorsqu'une roche n'est pas d'aspect homogène, on peut reconnaître, soit par examen direct, soit en l'examinant à la loupe, qu'elle est formée d'un mélange de plusieurs substances. Le *granite*, par exemple, se montre constitué de trois substances, de trois *minéraux* bien distincts. L'étude particulière de ces minéraux constitue le domaine de la *minéralogie*.

Espèces minérales. — Une *espèce minérale* est définie, tout d'abord, par sa composition chimique. Mais ce caractère ne suffit pas seul, il faut y joindre au moins un caractère physique : forme, dureté, densité, transparence, etc.

Caractères physiques des minéraux. — Les minéraux sont amorphes ou cristallisés.

On entend par *corps cristallisés* ou *cristaux* des polyèdres terminés par des faces planes disposées d'après certaines lois, et qui, malgré la variété excessive d'aspect qu'ils présentent, peuvent, cependant, être ramenés à un petit nombre de groupes qu'on appelle *systèmes cristallins*.

Loi de la constance des angles. — *Pour une même espèce minérale, les angles des faces sont constants.* Lorsque le minéral se *clive*, c'est-à-dire se sépare, par le choc, en surfaces planes dirigées suivant une ou plusieurs directions, l'angle formé par ces faces de clivage, ou bien par l'une d'elles avec une des faces naturelles du cristal, est constant. (Romé de Lisle.)

Cette constance des angles est d'une utilité de premier ordre pour constater l'identité d'une forme avec une autre, un même minéral pouvant présenter des variétés de cristallisation assez grandes.

LOI DU PARALLÉLISME DES FACES. — Sauf dans certains cas peu fréquents (1), *toute face d'un cristal a une autre face opposée qui lui est parallèle.*

LOIS DE SYMÉTRIE. — I. *Dans un cristal, les parties semblables se modifient de la même manière, en même temps, les parties différentes sont modifiées de manières différentes.* (Haüy.)

Des arêtes sont dites *semblables*, lorsqu'elles sont des intersections d'angles dièdres égaux, et qu'elles ont, dans la forme théorique, la même longueur.

Des angles solides sont dits *semblables*, lorsqu'ils sont composés d'un même nombre d'angles plans ou dièdres, égaux et semblablement disposés.

Dans le *cube*, toutes les arêtes et tous les angles solides sont semblables; il en résulte que toute modification qui a lieu sur une arête ou sur un angle devra se répéter sur tous les autres.

II. *Toute modification sur les angles, suffisamment prolongée, coupe les arêtes du cristal, à partir du sommet de cet angle, à des distances proportionnelles entre elles.*

MESURE DE L'ANGLE D'UN CRISTAL. — Pour mesurer l'angle d'un cristal, on se sert d'appareils nommés *goniomètres*. Le plus employé est celui de Babinet.

Il se compose d'un cercle horizontal gradué (fig. 1), sur lequel sont placés radialement, une lunette et un tube dit *collimateur*, destiné à réunir en un faisceau de rayons parallèles, la lumière émanée d'une source quelconque. Au centre du cercle gradué, est placée une petite plate-forme qui lui est concentrique. Elle peut tourner sur elle-même, librement, ou par le mouvement que lui communique une alidade munie d'un vernier qui mesure le nombre de degrés de la rotation. Cette plate-

(1) Voyez p. 21.

forme sert de support au cristal dont on se propose de déterminer l'angle réfringent.

L'arête de celui-ci doit être placée perpendiculairement à la surface de la plate-forme. Pour cela on place, par tâtonnements, cette arête dans une position telle que son image, réfléchie par la sur-

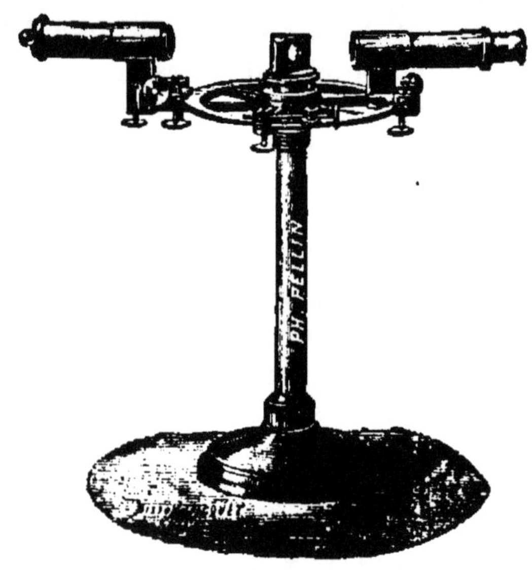

Fig. 1. — Goniomètre de Babinet.

face de la plate-forme, se place dans son prolongement.

Auparavant, on dispose une source lumineuse en avant du collimateur, et l'on règle la lunette de manière à apercevoir la source lumineuse partagée en deux parties égales par le fil vertical du réticule.

Le cristal étant alors fixé, on cherche l'image de la source lumineuse sur les deux plans de l'angle de réfringence. Pour cela, on fait tourner la plate-forme indépendamment de l'alidade. Les images données par réflexion sur les deux faces de l'angle dièdre doivent coïncider avec le fil vertical du réticule.

La lunette est fixée dans la position qu'elle occupait quand l'image de la source réfléchie sur une des faces du prisme coïncide avec le repère du réticule, l'alidade qui fait mouvoir la plate-forme reste au zéro de la graduation.

Lorsqu'on a la première image réfléchie, on fixe la lunette, et l'on desserre l'alidade de la plate-forme, on fait tourner celle-ci jusqu'à ce que la réflexion ayant lieu sur l'autre face de l'angle, l'image de la source coïncide de nouveau avec le fil du réticule.

Le nombre de degrés parcourus par l'alidade mesure exactement le supplément de l'angle cherché il suffit de retrancher ce nombre de 180° pour avoir l'angle réfringent demandé.

L'opération peut s'effectuer aussi avec le *goniomètre de Wollaston*. Dans cet appareil, le cristal est placé de telle façon que l'arète de l'angle dièdre soit horizontale, et perpendiculaire à un limbe gradué vertical. On place l'œil au voisinage de l'arète, de façon à voir directement une mire éloignée horizontale, puis on fait tourner le limbe jusqu'à ce que l'image d'une autre mire éloignée horizontale, vue par réflexion dans la face du cristal, vienne coïncider avec l'image de la première mire. On fait, comme précédemment, tourner le limbe, de manière que l'autre face de l'angle dièdre se substitue à la première, ce que l'on reconnait à la coïncidence de la première mire avec l'image de la seconde. La différence des lectures, exécutées sur le limbe donne encore le supplément de l'angle cherché.

Un dernier procédé ne fournit que des résultats approximatifs, c'est celui du *goniomètre d'application*. L'appareil consiste : 1° en deux alidades en acier, mobiles, autour d'un axe capable de glisser le long des rainures pratiquées dans les alidades; 2° d'un demi-cercle en cuivre divisé en degrés. Pour mesurer l'angle dièdre au moyen de cet instrument, on tient le cristal et on applique les deux branches des deux alidades sur les deux faces, en ayant soin que le plan des alidades soit perpendiculaire à l'arête du cristal. Quand les branches sont appliquées, on serre la vis de l'axe, on place l'une des alidades suivant le diamètre ou demi-cercle, et on lit sur le limbe le nombre de degrés.

Cet appareil ne peut être employé que pour de gros cristaux; il ne donne jamais plus d'un demi-degré d'approximation.

Notation cristallographique. — Toutes les formes des minéraux connus peuvent être ramenées à six groupes, que l'on désigne sous le nom de *systèmes cristallins* caractérisés par ce fait : *qu'une forme quelconque étant prise pour type, ou pour forme primitive, on peut en faire dériver toutes les autres.* Habituellement, on prend pour les six formes primitives des parallélipipèdes, dans lesquels on désigne les angles solides par des voyelles, les faces et les arêtes par des consonnes. Dans un parallélipipède obliquangle, on désignera les quatre angles solides par les lettres *a*, *e*, *i*, *o*, les six arêtes par les lettres *b*, *c*, *d*, *e*, *f*, *g*, *h*; et les trois faces par *p*, *m*, *t*. On suit l'ordre alphabétique, et, en même temps, l'on commence par le haut en allant de gauche à droite.

Plus un parallélipipède est symétrique, plus le nombre des lettres désignant ses angles, ses faces et ses arêtes est petit. Ainsi, le cube qui est la forme la plus simple est désigné par trois lettres: une pour tous les angles solides, une pour les arêtes, une pour les faces.

Pour les formes dérivées, résultant d'une troncature accomplie sur un angle, ou parallèle à une arète, chaque face est représentée par la lettre de l'angle ou de l'arète qu'elle remplace au moyen de la troncature.

La notation d'une face modifiante placée d'une façon quelconque sur un angle indique toujours les lettres des arètes qui aboutissent à cet angle.

Chacune de ces lettres est affectée d'un exposant indiquant la distance à laquelle la face modifiante coupe certaines lignes définies comme *axes cristallographiques*.

Ces lignes sont les trois arètes aboutissant à un même angle solide de la forme type, et les longueurs interceptées sur ces axes, sont toujours comptées à partir de l'origine. Soit, pour fixer les idées, une face placée sur l'angle d'un prisme doublement oblique. Si les arètes qui aboutissent à cet angle sont a, b, c, la notation de la face sera : $\left(a^{\frac{1}{x}}\, b^{\frac{1}{y}}\, c^{\frac{1}{z}}\right)$, $\frac{1}{x}$, $\frac{1}{y}$, $\frac{1}{z}$, étant les longueurs interceptées sur les trois arètes à partir du sommet de l'angle. On commence toujours par les longueurs $\frac{1}{x}$ et $\frac{1}{y}$, prises sur les arètes de la base et on finit par $\frac{1}{z}$, longueur prise sur l'arète latérale.

Si l'on avait pris comme exemple le cube, le symbole de la face serait $\left(b^{\frac{1}{x}}\, b^{\frac{1}{y}}\, b^{\frac{1}{z}}\right)$.

Lorsque la face est parallèle à une arète, une des trois quantités x, y, ou z, devient nulle. Une troncature sur l'arète d, dans un prisme doublement oblique, se symbolisera ainsi : $\left(d^{\frac{1}{v}}\, f^{\frac{1}{v}}\, b^{\frac{1}{z}}\right)$; qu'on exprime aussi par $d^{\frac{z}{y}}$, la lettre *d* rappelant que la modification a lieu sur cette arête ; $\frac{z}{y}$ représente le rapport, inférieur ou supérieur à l'unité, des longueurs interceptées sur *f* et *h*. Lorsque *x* et *y* sont égaux, la face est située symétriquement sur l'angle et porte le nom de cet angle modifié. Dans le cas du même prisme doublement oblique, on aurait $\left(d^{\frac{1}{x}} f^{\frac{1}{x}} h^{\frac{1}{z}}\right) = o^{\frac{z}{x}}$; $\frac{z}{x}$ étant inférieur ou supérieur à l'unité.

Quand une face intercepte sur un angle trois longueurs, dont deux sont égales entre elles, et correspondent, cependant, à des arêtes différentes, on modifie la notation. Une face sur l'angle *a* d'un prisme orthorhombique, auquel aboutissent deux arêtes basiques *b* et une arête verticale *h* aurait pour symbole $\left(b^{\frac{1}{x}} f^{\frac{1}{y}} h^{\frac{1}{z}}\right)$; mais si nous admettons que *y* et *z* sont égaux, on écrira le rapport $\frac{y}{z}$ des longueurs interceptées sur *b* et sur *h* sous forme d'indice $a_{\frac{z}{x}}$, ce rapport étant d'ailleurs inférieur ou supérieur à l'unité.

Systèmes cristallins. — Toutes les formes connues de minéraux peuvent se ramener à six *groupes* ou *systèmes cristallins*.

On appelle *type*, ou *forme primitive*, une forme géométrique, d'où l'on peut, par des modifications convenables, faire dériver toutes les autres.

On désigne sous le nom d'*axes de symétrie* des lignes de symétrie passant par le centre du cristal. Une droite est dite *droite de symétrie*, chaque fois que, par une rotation autour d'elle, les éléments du cristal s'appliquent sur des éléments semblables. La symétrie est binaire, ternaire, etc., suivant qu'il faut tourner le cristal de la moitié, du tiers, etc., d'une circonférence, pour que les éléments s'appliquent sur des éléments semblables, et, au lieu de dire *axe de symétrie binaire*, on dit, par abréviation, *axe binaire*.

Les types des formes des différents systèmes que l'on adopte en France, sont des parallélipipèdes, solides composés de quatre faces à forme de parallélogramme, parallèles deux à deux, et comprises entre deux autres faces qui sont aussi des parallélogrammes. Les quatre premières, appelées *pans* ou *faces latérales*, se coupent suivant des lignes parallèles les deux autres faces sont des *bases*. (Jannettaz.)

Un prisme étant donné, on peut mener trois droites allant du milieu d'une face à celui de la face opposée. Ces droites sont les *axes cristallographiques*. Ces lignes passent par le centre du cristal. Leur longueur, leur inclinaison les unes sur les autres, restent constantes dans les minéraux d'une même espèce; elles peuvent être utilisées comme caractères spécifiques.

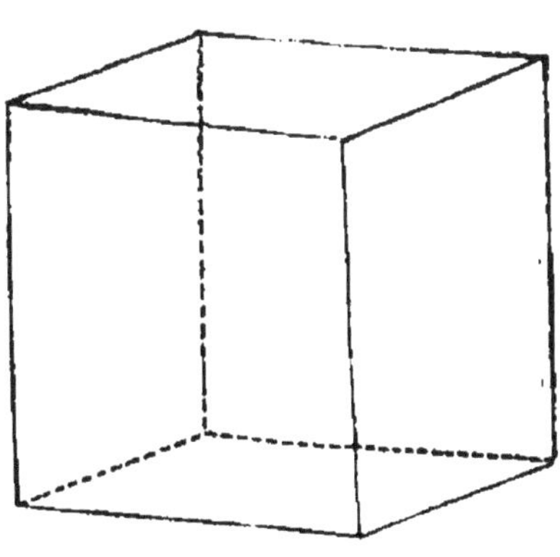

Fig. 2. — Cube.

Système cubique. — Le premier système cristallin a pour type un *cube* (fig. 2), dont les faces sont toutes égales et perpendiculaires l'une sur l'autre. Le *système cubique* est caractérisé par trois axes cristallographiques égaux et rectangulaires.

Le cube est composé de six faces égales p, qui sont

des carrés, de huit angles trièdres égaux a, et de douze arêtes égales b. Sa notation est p.

Les modifications de ce type ont lieu sur les angles ou sur les arêtes.

Les modifications sur les angles sont :

1° *L'octaèdre régulier*, dû à un seul plan également incliné sur trois faces adjacentes. Ce solide est formé de huit faces qui sont des triangles équilatéraux, de six angles solides à quatre faces et de douze arêtes égales. La notation de l'octaèdre régulier est $\left(b^{1}\, b^{1}\, b^{1}\right)$ ou a^{1}.

2° Le *trapézoèdre*, formé par trois facettes dirigées vers les faces du cube. Il en résulte un solide à vingt-quatre faces égales, vingt-six angles solides, et quarante-huit arêtes. La notation du trapézoèdre est $\left(b^{\frac{1}{x}}\, b^{\frac{1}{y}}\, b^{\frac{1}{z}}\right)$ ou $a^{\frac{z}{x}}$.

3° *L'octaèdre pyramidé*, dû à trois facettes dirigées vers les arêtes du cube. Il est formé de vingt-quatre faces, quatorze angles solides, et trente-six arêtes. Sa notation est $\left(b^{\frac{1}{x}}\, b^{\frac{1}{z}}\, b^{\frac{1}{z}}\right)$ ou $a^{\frac{x}{z}}$.

4° Le *scalénoèdre*, formé par six facettes, ce qui conduit à un solide à quarante-huit faces, vingt-six angles solides, et soixante-douze arêtes. Sa notation est $\left(b^{\frac{1}{x}}\, b^{\frac{1}{y}}\, b^{\frac{1}{z}}\right)$.

Les modifications sur les arêtes du cube sont :

1° Le *dodécaèdre rhomboïdal*, dû à un seul plan incliné sur les deux faces adjacentes du cube. Le solide produit a douze faces, quatorze angles solides, et vingt-quatre arêtes. Sa notation est $\left(b^{\frac{1}{0}}\, b^{\frac{1}{z}}\, b^{\frac{1}{z}}\right)$ ou b^{1}.

2° Le *cube pyramidé*, qui résulte d'une modification par deux plans formant biseau sur chaque arête. Il possède vingt-quatre faces, quatorze angles solides, trente-six arêtes. Sa notation est $\left(b^{\frac{1}{v}}\ b^{\frac{1}{y}}\ b^{\frac{1}{z}}\right)$.

Système quadratique. — Le deuxième système, dit *quadratique*, a pour forme primitive un prisme droit à base carrée (fig. 3). Les quatre pans sont des rectangles ; les bases, qui leur sont perpendiculaires, sont des carrés. Ce système offre trois axes cristallographiques, dont l'un est parallèle aux faces latérales ; les deux autres, parallèles aux côtés de la base, sont égaux. Ces trois axes sont rectangulaires.

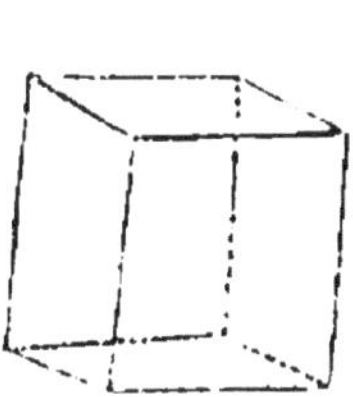

Fig. 3. — Prisme quadratique.

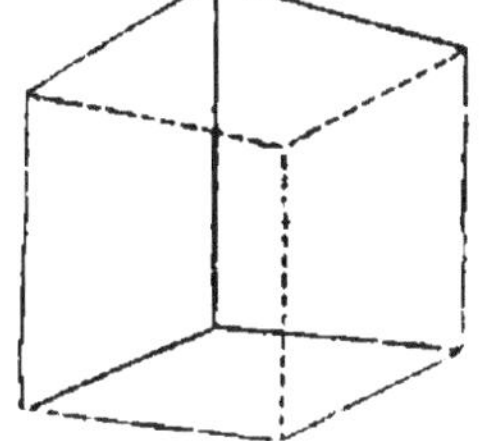

Fig. 4. — Prisme droit à base rhombe.

Les faces de la forme primitive sont au nombre de six : deux horizontales p, dites *bases*, sont des carrés, les quatre autres m verticales, dites *faces*, sont des rectangles. Il y a huit angles solides trièdres égaux a et douze arêtes, dont huit horizontales b et quatre verticales h. La notation de ce prisme est mp.

Les modifications portent sur les angles a, sur les arêtes b, et sur les arêtes h.

Les principales modifications sur les angles sont :

1° L'*octaèdre à base carrée*, formé par un seul plan également incliné sur les deux faces adjacentes du prisme. Ce solide comprend huit faces, six angles solides, et douze arêtes. Suivant l'inclinaison du plan sur l'arête verticale, l'octaèdre est aigu ou obtus. Sa notation est $\left(b^{\frac{1}{x}}\, b^{\frac{1}{x}}\, h^{\frac{1}{z}}\right)$ ou $a^{\frac{z}{x}}$.

2° Le *dioctaèdre*, produit par deux facettes en biseau sur chaque angle. Ce solide comprend seize faces, dix angles solides et vingt-quatre arêtes. Sa notation est $\left(b^{\frac{1}{x}}\, b^{\frac{1}{y}}\, b^{\frac{1}{z}}\right)$.

Les modifications sur les arêtes *b* ont lieu par un seul plan, plus ou moins incliné par rapport à la base, ce qui conduit à un autre *octaèdre à base carrée* dont la notation est $\left(b^{\frac{1}{o}}\, b^{\frac{1}{y}}\, b^{\frac{1}{z}}\right)$ ou $b^{\frac{z}{y}}$.

Les modifications sur les arêtes *h* sont de deux sortes et conduisent à des *prismes à base carrée.*

Un plan tangent sur chaque arête donne un prisme, dont les faces sont parallèles aux diagonales du premier, c'est le *prisme inverse* dont la notation est $\left(b^{\frac{1}{x}}\, b^{\frac{1}{x}}\, h^{\frac{1}{o}}\right)$ ou h^{1}.

Un biseau sur chaque arête donne un *prisme symétrique*, dont la notation est $\left(b^{\frac{1}{x}}\, b^{\frac{1}{y}}\, h^{\frac{1}{o}}\right)$ ou h^{1}.

Système orthorhombique. — Le troisième système est dit *orthorhombique*. Le type en est un prisme droit à base rhombe (fig. 4). Les quatre faces latérales sont des rectangles perpendiculaires sur deux bases, qui sont des *losanges* ou *rhombes*. Les axes, au nombre de trois, sont rectangulaires et inégaux. Deux sont parallèles aux diagonales des bases, le troisième aux arêtes du prisme.

Le prisme typique est composé de six faces : deux

d'entre elles forment les bases *p*, et quatre les faces *m*. Les angles solides sont de deux sortes. Quatre angles *a* sont formés par deux angles plans de 90° et un angle plan obtus, quatre angles *e* sont fournis par deux angles plans de 90° et un angle plan aigu.

Les arêtes se groupent en trois genres : 1° huit sont horizontales, on les désigne par la lettre *b*; 2° deux sont verticales et correspondent à l'angle obtus du losange, on les symbolise par la lettre *h*; enfin 3° deux autres sont verticales, *g*, et correspondent à l'angle aigu.

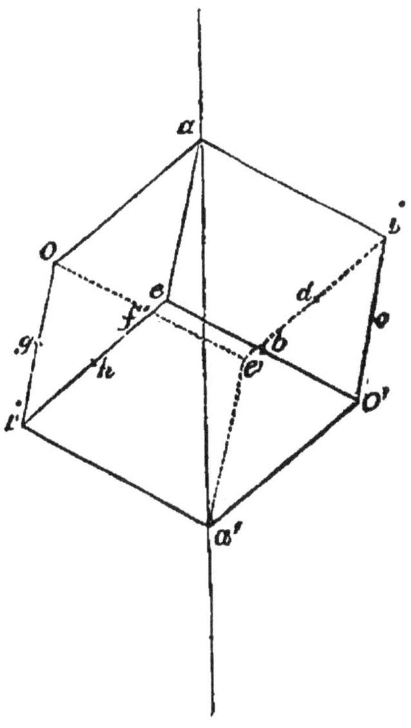

Fig. 5. — Rhomboèdre. — Les lettres indiquent les angles ou les arêtes semblables.

Il résulte de là que le prisme orthorhombique est susceptible de cinq sortes de modifications.

Lorsque la troncature a lieu sur l'angle *a* ou sur l'angle *e* par un plan parallèle à la grande diagonale de la base, le prisme rhomboïdal se montre surmonté d'un *dome*. Lorsque les troncatures ont lieu simultanément sur les deux sortes d'angles, on arrive à un *octaèdre à base rectangle*.

La troncature par un plan sur l'arête *b* donne encore un *octaèdre*, mais dont *la base est un losange*.

Sur les arêtes *h* et *g* les modifications conduisent à des *prismes à base rectangle*.

Système rhomboédrique.— Le quatrième système est dit *rhomboédrique* (fig. 5). La forme primitive est le rhomboèdre, dont les faces sont des losanges égaux obliques les uns sur les autres. On compte trois axes cristallographiques égaux, obliques et également inclinés l'un sur l'autre.

Système clinorhombique. — Le cinquième système, dit *clinorhombique* ou *monoclinique*, a pour forme fondamentale un prisme oblique, dont les bases sont des losanges et les pans des parallélogrammes (fig. 6). Ce prisme a trois axes parallèles aux arêtes des prismes et aux diagonales des bases; l'un d'eux est perpendiculaire au plan des deux autres.

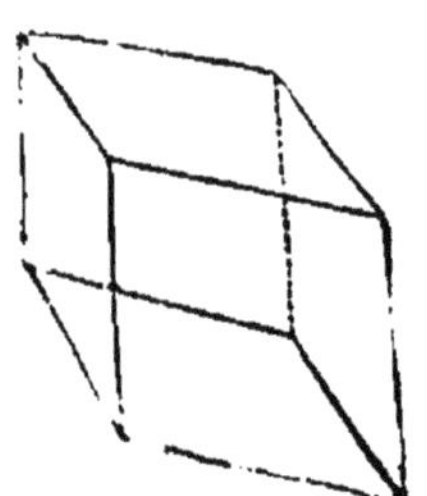

Fig. 6. — Prisme clinorhombique.

La forme typique est composée de six faces, dont deux losangiques forment les bases *p* et quatre sont des parallélogrammes *m* formant les faces latérales. Les huit angles solides sont de trois sortes : 1° deux angles *o* sont formés par trois angles plans obtus, ou deux angles plans obtus et un aigu ; 2° deux angles *a* formés par trois angles plans, dont deux sont aigus et un obtus, ou tous les trois aigus. Ces angles sont opposés à la diagonale inclinée de la base; 3° quatre angles *e* sont opposés à la diagonale horizontale.

On compte aussi quatre espèces d'arêtes : 1° quatre de la base formant des angles obtus, ce sont les arêtes *d*; 2° quatre arêtes *b* forment des angles aigus; 3° deux arêtes verticales *h* correspondent à un dièdre obtus; 4° deux arêtes verticales *g* correspondent à un dièdre aigu.

Il suit de là que le prisme monoclinique est susceptible de sept genres de modifications. Ses troncatures sur les angles *o* et *a* donnent un *dome;* sur les angles *e* un dome en position diagonale avec le précédent.

Si les trois sortes d'angles sont modifiées en même temps, on obtient un *octaèdre oblique à base rectangle.*

La modification simultanée des arêtes *d* et *b* donne un *octaèdre oblique à base rhombe* ; sur les arêtes *g* et *h*, un *prisme rectangulaire oblique.*

Système triclinique. — Le sixième système, *triclinique* ou *asymétrique*, a pour type un prisme doublement oblique. Les faces latérales et les bases sont des parallélogrammes. Les axes sont inégaux et inégalement inclinés les uns sur les autres (fig. 7).

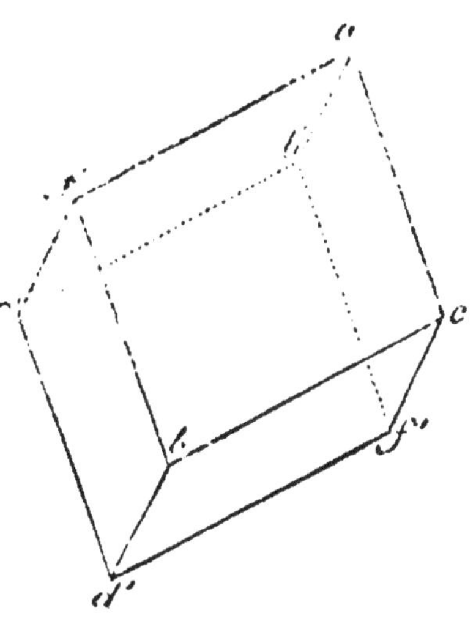

Fig. 7. — Prisme triclinique.

Le prisme triclinique possède trois genres de faces; les bases sont des parallélogrammes qu'on représente par *p* ; il y a en outre deux faces *m* et deux faces *t*. Les huit angles solides sont de quatre espèces; les arêtes des bases et les arêtes latérales sont toutes d'espèces différentes.

Le prisme est donc susceptible de dix modifications. Lorsque toutes les arêtes des bases sont modifiées à la fois, on obtient un *octaèdre doublement oblique*, composé de huit triangles scalènes formant quatre espèces différentes.

Hémiédrie. — On entend par formes *hémiédriques*

des formes dérivées qui n'ont que la moitié des faces qu'elles auraient si elles avaient été rigoureusement soumises à la loi de symétrie.

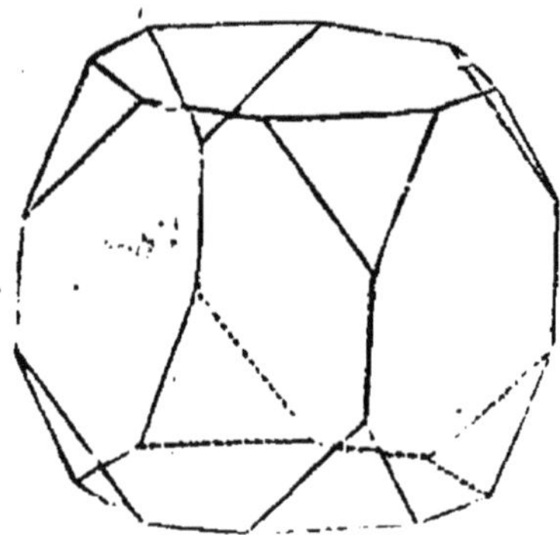

Fig. 8. — Cube modifié sur ses angles.

Un exemple simple fera comprendre clairement l'hémiédrie.

Considérons un cube, et supposons un plan coupant les trois arêtes à même distance du sommet d'un des angles solides (fig. 8). L'angle enlevé est remplacé par une *facette* triangulaire. D'après

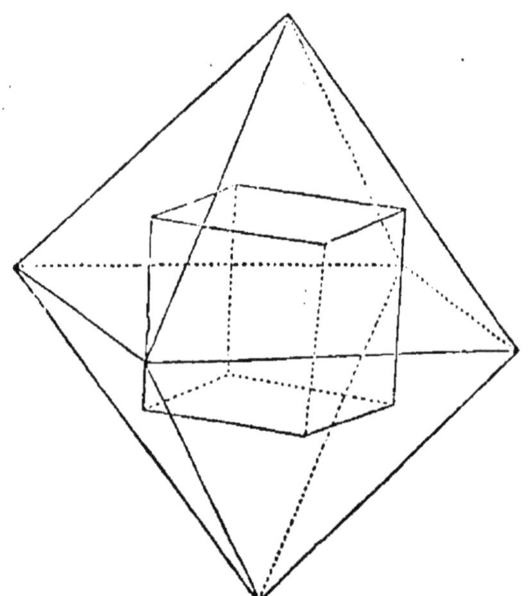

Fig. 9. — Octaèdre régulier.

la loi de symétrie d'Haüy (1), une pareille facette doit

(1) Voyez p. 9.

se retrouver sur tous les angles du cristal. Cette modification conduit au solide à huit faces que l'on appelle *octaèdre régulier* (fig. 9).

Certains cristaux de blende (sulfure de zinc) ne portent de pareilles facettes que sur quatre de leurs angles et de telle façon qu'un angle modifié alterne avec un angle resté intact, ce qui donne un résultat contradictoire avec la loi du parallélisme des faces (1).

Les facettes du cube de blende, prolongées, conduiront à la formation d'un solide qui au lieu de huit faces n'en aura que quatre, ce sera un *tétraèdre*. Le tétraèdre est une *forme hémiédrique* dérivée du cube (fig. 10).

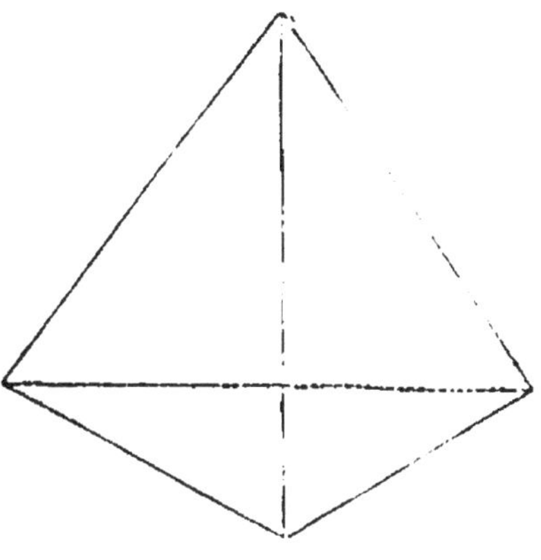

Fig. 10. — Tétraèdre régulier.

Les formes hémiédriques sont fréquemment corrélatives de propriétés physiques spéciales.

Excepté le système asymétrique, tous systèmes cristallins présentent des formes hémiédriques.

Hémimorphisme. — L'hémimorphisme est une sorte d'hémiédrie qui consiste en ce que l'une des extrémités du cristal est formée par certaines faces qui ne se retrouvent point à l'autre extrémité. La calamine (silicate de zinc), qui cristallise dans le système orthorhombique, et la tourmaline (borosilicate de sodium et d'aluminium) présentent de bons exemples d'hémimorphisme (fig. 11).

Les cristaux hémimorphes jouissent de la propriété de s'électriser par échauffement et dévelop-

(1) Voyez p. 9.

pent, sous l'action de la chaleur, les deux électricités (*minéraux pyroélectriques polaires*).

Macles. — Le groupement, suivant des lois déterminées, de plusieurs cristaux de même espèce et ayant les mêmes faces est appelé *macle*. Le cas le plus fréquent est celui de deux cristaux ; ils se trouvent alors dans une situation telle que l'un des deux semble avoir tourné de 180, 90 ou 60°, autour d'un axe perpendiculaire à une face ou à une modification simple d'une face.

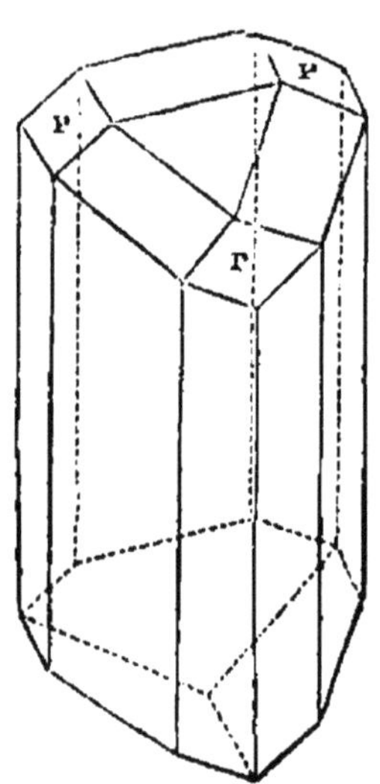

Fig. 11. — Cristal de tourmaline. — Les lettres montrent les faces qui ne se reproduisent pas.

Cet axe est dit *axe de révolution* et la face suivant laquelle les cristaux s'unissent est le *plan d'assemblage* (fig. 12 et 13).

Lorsque les cristaux ont tourné de 180°, l'un par rapport à l'autre, la macle est dite *hémitropie*.

On peut diviser les macles en deux sortes, suivant que les axes des cristaux restent ou non parallèles.

Le caractère qui permet de reconnaître aisément une macle, est la présence d'angles rentrants, que les cristaux simples n'offrent jamais. Lorsque ce caractère fait défaut, on devra rechercher des stries au point de jonction ; un défaut de symétrie dans les parties différentes du cristal, un changement de direction dans les clivages, un plan de jonction, permettent aussi de reconnaître les macles.

Imperfections des cristaux. — Les cristaux éprouvent, dans la nature, des modifications et des déformations qui sont dues au développement inégal de faces aux dépens d'autres faces. Celles-ci, aussi, présentent souvent des inégalités, des courbures, des stries. Ce dernier caractère a une assez grande importance pour certaines espèces. Il permet de distinguer entre elles certaines faces. Les cristaux de tourmaline et de béryl (silicate d'aluminium et de

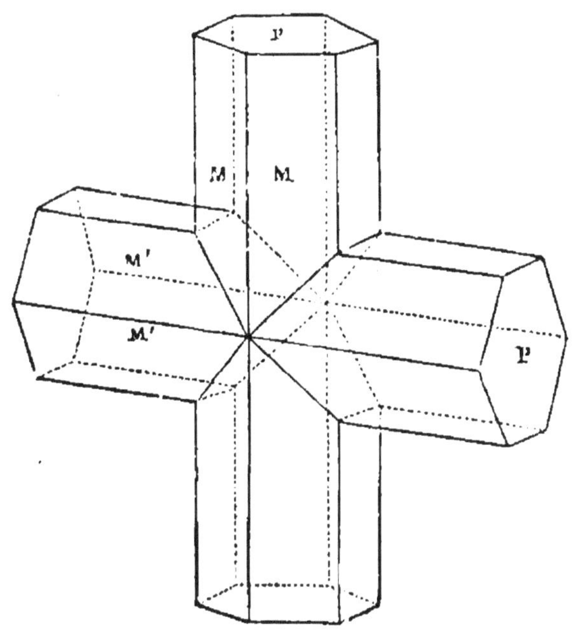

Fig. 12. — Macle de prismes orthorhombiques. — Les lettres indiquent les faces semblables des deux cristaux.

glucinium) présentent des stries parallèles aux arêtes; le quartz (silice cristallisée) offre des stries perpendiculaires à la direction des arêtes.

Pour une même espèce minérale, la direction des stries est constante.

Clivage. — On donne le nom de *clivage* à la propriété qu'ont certains minéraux de se séparer par le choc en lames planes, dites *lames de clivage*.

Lorsqu'un cristal possède plusieurs directions de

clivage, il est important de savoir si la séparation en lames se fait partout avec la même aisance.

Le nombre et la direction des faces de clivage sont intimement liés au système cristallin.

Une face de clivage est toujours parallèle à une face naturelle, ou à une face pouvant résulter d'une modification de la forme primitive.

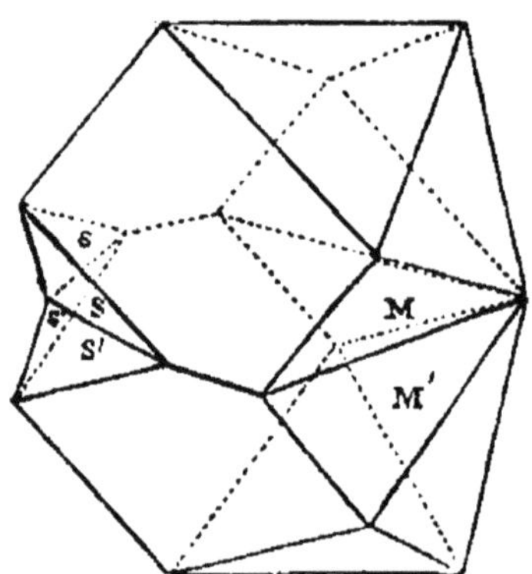

Fig. 13. — Macle de prismes quadratiques. — Même signification des lettres que figure 12.

Structure irrégulière des minéraux. — Un minéral peut se présenter en agrégats de parties cristallines plus ou moins nettes. La structure peut, alors, varier. Elle est *grenue*, quand le minéral semble formé par la réunion de grains arrondis ; *fibreuse*, quand il est formé de cristaux en forme d'aiguilles droites, ou entrelacées; *bacillaire*, quand ces cristaux sont cylindroïdes ; *lamellaire*, quand le cristal semble formé de parties cristallines, ou de lamelles de clivage ; *écailleuse*, quand ces lames se détachent facilement ; *compacte*, quand la cohérence des particules est forte ; *terreuse*, quand cette cohérence est médiocre, comme dans l'argile ; la structure grenue est *saccharoïde*, lorsque les grains sont petits, comme dans le marbre.

Formes irrégulières. — Les formes irrégulières sont assez nombreuses. Ce sont :

Les *formes globulaires*, qui sont des globules de grosseur variable ; quand ils ont la dimension d'un pois, le minéral est un *pisolithe ;* quand ils sont fins et de la dimension d'un œuf de poisson, le minéral est un *oolithe*.

Les *nodules* sont des formes irrégulièrement arrondies, quelquefois creuses et renfermant dans leur cavité des cristaux ou un noyau amorphe : une pareille cavité est dite *géode*.

Les *mamelons* sont des masses dont la surface ne montre que des segments de sphère.

Une forme est dite *dendritique*, lorsque le minéral se présente en cristaux groupés suivant des ramifications, libres, ou engagées dans une masse minérale différente.

Pseudomorphose. — Il y a *pseudomorphose*, chaque fois qu'un minéral se présente sous la forme d'un autre minéral de composition chimique différente. On trouve assez fréquemment de la stéatite (silicate hydraté d'aluminium, de fer et de magnésium) sous forme de quartz; du gypse (sulfate de calcium hydraté) sous forme de sel marin; de quartz sous forme de fluorine (fluorure de calcium).

On désigne quelquefois ce genre de transformation sous le nom d'*épigénie*. Dans tous les cas, le minéral primitif s'est modifié en conservant sa forme. La modification a lieu de diverses manières : perte d'un principe constituant, addition d'un nouveau principe, échange de certaines parties, transformation complète de la composition chimique, par remplacement de matières organiques, comme dans les bois pétrifiés; sans changement de composition, comme cela peut arriver pour les substances polymorphes.

Propriétés thermiques. — Les propriétés thermiques des cristaux sont d'une importance assez faible.

La *dilatation* est en rapport avec le système cristallin : un cube, par exemple, se dilate également dans toutes les directions : tandis qu'un cristal appartenant à un autre système se dilatera irrégulièrement. La dilatation sera plus considérable dans certaines directions.

La *conductibilité*, sauf dans le système cubique, éprouve, dans certaines directions, des maxima et dans d'autres des minima. La direction de la propagation est en général marquée par les axes d'une ellipse. Le grand axe de celle-ci, dans les cristaux clivables, est parallèle au plan du clivage le plus facile. (Jannettaz.)

Propriétés magnétiques. — Le nombre des minéraux doués de propriétés magnétiques est très petit : ce sont pour la plupart des composés du fer, ou des minéraux riches en fer. Beaucoup de ces derniers deviennent magnétiques après avoir été chauffés.

Propriétés électriques. — Presque tous les minéraux s'électrisent par frottement : le diamant et la plupart des pierres précieuses. D'autres s'électrisent par pression ; le spath d'Islande (carbonate de calcium). Certains, comme la tourmaline, sont *pyroélectriques*, c'est-à-dire deviennent électriques par échauffement. Lorsque sous l'action de la chaleur les deux électricités se manifestent, la pyroélectricité est dite *polaire*.

Propriétés optiques. — Les minéraux sont *opaques*, *transparents* ou *translucides*.

L'*opacité* absolue est rare, la plupart des corps dits opaques deviennent transparents ou au moins translucides, lorsqu'on les examine en lames minces.

Les couleurs observées par *transparence* tiennent souvent au mélange, en quantités très faibles, d'oxydes à pouvoirs colorants intenses. Certains silicates, l'alumine cristallisée, le quartz, sont des exemples assez frappants de ce fait.

D'autres minéraux contiennent des proportions assez constantes d'oxydes colorants pour offrir toujours la même coloration. Tels sont les amphiboles (silicates de magnésium et de calcium) ; les pyroxènes (même composition); l'axinite (silicoborate d'aluminium et de calcium), colorée en violet par de l'oxyde de manganèse.

On peut encore classer parmi les caractères optiques, le *chatoiement* et l'*irisation*, dus à des accidents dans la structure du minéral.

Tous ces caractères extérieurs, que l'on observe sans instruments spéciaux, ont perdu beaucoup de leur importance, depuis l'application à la détermination des espèces de l'action de la lumière traversant un corps.

On considère aujourd'hui la lumière comme produite par les mouvements d'un fluide matériel, l'*éther*, qui est tellement ténu qu'on ne peut en prendre la densité, qui ne tombe sous aucun de nos sens, mais qui n'en existe pas moins dans tous les espaces interplanétaires, aussi bien que dans les interstices qui séparent les atomes ou éléments primitifs des corps. (Jannettaz.)

Ce qu'on appelle aujourd'hui *rayon lumineux* est la direction suivant laquelle se propagent les mouvements de ce fluide. Un corps éclairant est le le point de départ des vibrations de l'éther ; celles-ci se transmettent de part en part, et dans toutes les directions possibles, à l'éther de l'espace. Pendant le temps que met la vibration à s'exécuter, le mouvement transmis est parvenu en un certain point ; comme il s'est transmis dans toutes les directions, tous les points auxquels il est parvenu sont sur une même surface, dite *surface d'onde*, et la ligne qui joint chaque point au point de départ du mouvement vibratoire, est dite *longueur d'onde*.

Lorsqu'un rayon lumineux tombe sur un corps transparent, comme un prisme de verre, deux phénomènes se produisent : une partie de la lumière est renvoyée, *réfléchie* par la surface dans une direction différente de celle qu'elle suivait d'abord; l'autre partie pénètre dans le verre en déviant de sa direction primitive.

Le premier de ces phénomènes est la *réflexion*, le second la *réfraction*.

Lois de la réflexion. — La réflexion est soumise à deux lois :

1° *Le rayon réfléchi reste dans le plan d'incidence.*

2° *L'angle d'incidence est égal à l'angle de réflexion.*

Lois de la réfraction. — Les lois de la réfraction sont aussi au nombre de deux :

1° *Le rayon réfracté reste dans le plan d'incidence*;

2° *Le sinus de l'angle d'incidence et le sinus de l'angle de réfraction sont dans un rapport constant.*

Ce rapport est l'*indice de réfraction.*

Lorsque la lumière qui tombe sur le prisme de verre n'a traversé aucun milieu coloré, le phénomène de réfraction se complique du phénomène de *dispersion*. Le faisceau de lumière est *décomposé* et au sortir du prisme donne un *spectre* formé de sept couleurs, dont la plus éloignée de la direction primitive est le *violet* et la moins éloignée le *rouge*; dans l'intervalle, et par ordre de moindre déviation, se placent : l'orangé, le jaune, le vert, le bleu et l'indigo.

La théorie mathématique montre que *le rapport des sinus des angles d'incidence et de réfraction est égal au rapport des vitesses de propagation de la lumière dans l'air et le verre.*

L'étude minutieuse de la dispersion montre que les *diverses couleurs ont des vitesses de propagation diverses dans un même milieu.*

On appelle *coefficient de dispersion* la différence entre les indices de réfraction correspondant au violet et au rouge. Les couleurs du spectre sont d'autant plus étalées que cette différence est plus grande.

DOUBLE RÉFRACTION. — Les phénomènes physiques que nous venons de rappeler se produisent chaque fois que la lumière se propage à travers le verre ou un cristal du système cubique. On sait, en effet, que dans ces cristaux les particules constituantes sont disposées symétriquement autour d'un point, les axes géométriques sont entourés de faces ou d'arètes de même inclinaison, de même longueur, et de position identique.

De tels corps sont dits *isotropes*.

Lorsqu'un rayon de lumière pénètre dans un cristal d'un système autre que le système cubique, c'est-à-dire tel que les distances des particules constituantes changent d'une direction à l'autre, le phénomène de réfraction devient plus complexe. Le rayon incident donne naissance à deux rayons réfractés (double réfraction).

La découverte du phénomène est due à un médecin danois, Bartholin. Il découvrit que lorsqu'on regarde un objet à travers un cristal de spath d'Islande (carbonate de calcium pur), on voit une image double.

Le spath d'Islande cristallise dans la forme rhomboédrique.

Les faces du rhomboèdre sont six losanges égaux dont les angles obtus sont de 101°55'.

On appelle *sommet* du rhomboèdre le point où trois de ces losanges se rencontrent par leurs angles obtus et font entre eux des angles dièdres de 105°5' (*a* fig. 5 p. 6). Les trois autres losanges se rencontrent en un second point identique, qui est le second sommet (*a'* fig. 5). La droite qui joint ces sommets est l'axe du cristal. Il fait avec chaque face, un angle de 45°22' et avec les arètes, un angle de 63°45'.

Un plan normal à une face, passant par deux arêtes aboutissant au sommet, et contenant l'axe, est une *section principale* du rhomboèdre. Toute autre section parallèle à la section principale porte aussi ce nom.

Si, par les procédés décrits en physique, on fait arriver sur une lentille convergente un mince faisceau de lumière solaire, et qu'on place à l'un des foyers principaux de la lentille, un écran ; si, entre la lentille et l'ouverture par laquelle pénètre le faisceau, on dispose un rhomboèdre de verre, de manière que la lumière traverse sa section principale, il se produira, dans le cristal, un phénomène de réfraction et un phénomène de dispersion, et les rayons rendus convergents par la lentille iront peindre, sur l'écran, une image de l'orifice, et le faisceau aura la même direction que s'il émanait d'une seconde ouverture percée au-dessous de la première.

Un rhomboèdre de spath, substitué au rhomboèdre de verre, produira une action de plus. Il y aura un second système de rayons s'écartant des premiers dans le cristal et, après avoir traversé la lentille, se trouvant dans les mêmes conditions que s'il émanait d'une troisième fente inférieure à la seconde. Ces rayons formeront sur l'écran une image dont l'intensité sera égale à celle de la première.

Le premier rayon, moins dévié, est dit rayon *ordinaire;* le second, rayon *extraordinaire.* Leur intensité respective est la moitié de celle du faisceau incident.

Si l'on fait tourner le rhomboèdre autour de la ligne qui joint la première ouverture au milieu de l'écran, les deux images tourneront suivant deux circonférences concentriques.

POLARISATION. — L'expérience étant disposée comme il vient d'être dit, supposons qu'on intercepte le faisceau de rayons extraordinaires, au moyen d'un écran, et qu'on fasse passer à travers un second rhomboèdre les rayons du faisceau ordinaire. Comme dans la précédente expérience, on aura deux images placées dans le plan de la section principale du second rhomboèdre; seulement, si l'on fait tourner celui-ci, les intensités des images varieront suivant l'angle que fera la section principale du deuxième cristal avec celle du premier.

Quand cet angle est nul, ce qui signifie que les deux sections sont dans le même plan, l'image extraordinaire disparaît; elle va augmentant d'intensité à mesure que l'angle grandit, et l'image ordinaire s'affaiblit. Quand l'angle est de 45°, les éclats des images sont identiques; lorsqu'il est de 90°, l'image extraordinaire possède son intensité maxima, l'image ordinaire est éteinte. De 90° à 180°, l'intensité de l'image extraordinaire diminue, celle de l'image ordinaire augmente. A 180°, le phénomène présente le même aspect qu'à 0°, c'est-à-dire, image extraordinaire éteinte, image ordinaire maxima. Pour un angle de 270°, l'aspect est le même que pour 90°.

On conclut de cette expérience :

1° Que la lumière du rayon ordinaire fourni par le premier cristal n'a pas même constitution que la lumière naturelle, puisqu'elle donne des images dont l'éclat est variable, tandis que celle-ci donne des images d'éclat constant. On dit que la lumière qui n'a pas les mêmes propriétés dans tous les azimuts est *polarisée*.

2° Les intensités des images sont égales pour deux positions de la section principale du second rhomboèdre. Ces positions sont symétriques par rapport au plan vertical ou au plan horizontal.

Lorsque la deuxième section principale est confondue avec la première, l'image extraordinaire est nulle, elle croît jusqu'à ce que l'angle soit devenu de 90°, tandis que l'image ordinaire décroît. On exprime ce fait en disant que le rayon ordinaire émis par le premier rhomboèdre est *polarisé dans la section principale.*

On peut reprendre l'expérience et intercepter le rayon ordinaire. En étudiant la réfraction du rayon extraordinaire, on constate que sa lumière a éprouvé des modifications analogues : elle est *polarisée dans le plan perpendiculaire à la section principale.* Les intensités des images ordinaires et extraordinaires produites, sont différentes de celles que l'on obtenait dans l'expérience précédente. Quand l'angle des sections principales est nul, l'intensité de l'image extraordinaire est maxima; elle va décroître jusqu'à 90°, position où elle a disparu, puis croît encore jusqu'à 180°, décroît jusqu'à 270° pour croître encore jusqu'à 360°.

L'image ordinaire, d'abord éteinte, devient maxima à 90°, s'éteint à 180° et ainsi de suite.

Dans l'hypothèse des ondulations lumineuses, un rayon de lumière naturelle est considéré comme composé de vibrations de l'éther, s'effectuant suivant toutes les directions du plan perpendiculaire à la direction de propagation. L'effet d'un cristal non isotrope est de ramener toutes les vibrations à deux directions déterminées, toutes deux perpendiculaires à la ligne suivant laquelle s'effectue la propagation, mais dont l'une est dans la section principale, et l'autre perpendiculaire à cette section. On peut donc dire encore que les deux rayons, ordinaire et extraordinaire, sont *polarisés à angle droit.*

Axe optique. — Dans les cristaux biréfringents, on trouve une ou deux directions, suivant lesquelles la réfraction est simple, c'est-à-dire que suivant cette direction, la lumière possède une seule vitesse de propagation. De pareilles lignes sont dites *axes optiques*.

Dans les cristaux du système quadratique et du système rhomboédrique, il n'y a qu'un axe optique, parallèle à l'axe principal. Les cristaux des autres systèmes sont à deux axes, de position différente, et d'écartement variable.

Propriétés de la tourmaline. — La tourmaline est un minéral cristallisé comme le spath, elle présente donc les mêmes phénomènes de polarisation. Cependant, comme elle est colorée et absorbe une portion de la lumière, elle offre une particularité intéressante.

Supposons un cristal de tourmaline taillé parallèlement à l'axe, et plaçons-le sur le trajet d'un faisceau de lumière naturelle, nous obtiendrons : 1° un faisceau extraordinaire, dont l'intensité, réduite par l'absorption, n'est pas la moitié de celle du faisceau naturel; 2° un faisceau ordinaire, mais tellement affaibli qu'il est éteint par une épaisseur de un millimètre. La tourmaline a donc transformé la lumière naturelle, l'a affaiblie et polarisée perpendiculairement à la section principale; le plus souvent le faisceau transmis est coloré en vert.

Quand on superpose deux tourmalines, la première laisse passer un faisceau extraordinaire, et la seconde intercepte le deuxième faisceau ordinaire. Lorsque les deux lames sont parallèles, la lumière les traverse ; si on les croise à angle droit, elle est éteinte.

Pince a tourmaline. — Si, entre les deux tourmalines, on vient à interposer une lame cristalline du système cubique, l'obscurité persiste, mais une lame d'un cristal non isotrope placée dans les mêmes conditions dissipe cette obscurité.

En effet, les vibrations, à leur sortie de la première tourmaline (dite *polariseur*), donneront dans la lame cristalline deux sortes de vibrations : les unes parallèles à son axe, et les autres perpendiculaires. A leur sortie, ces vibrations présenteront des différences dans leur mouvement vibratoire ; elles ne seront pas au même point de leur période ; il y a, comme on dit, une différence de phase entre elles. Or, quand des mouvements parallèles de même intensité et de sens contraire se manifestent en un même point, ils se détruisent : si leur sens est le même, ils s'ajoutent. On comprend, alors, que lorsqu'il s'agit de vibrations lumineuses, la destruction du mouvement produit l'obscurité, l'addition produit une augmentation d'éclat (phénomènes des interférences lumineuses).

Un mouvement vibratoire qui a parcouru un nombre pair de fois sa demi-longueur d'onde et un mouvement qui l'a parcourue un nombre impair de fois, sont de sens contraire.

On démontre, mathématiquement, qu'au sortir de la lame cristalline, les rayons rouges, ordinaire et extraordinaire, s'éteindraient si leurs vibrations étaient parallèles. La seconde tourmaline (dite *analyseur*) a pour effet de ne laisser passer que le mouvement vibratoire parallèle à l'axe. Les deux mouvements issus des rayons rouges, extraordinaire et ordinaire, se détruiront, quand il y aura entre eux une différence de phase d'un nombre impair de demi-longueurs d'onde. Les autres mouvements, dont la vitesse vibratoire est différente de celle du rouge, se détruiront ou s'ajouteront partiellement, de sorte que l'introduction de la lame cristalline entre les deux tourmalines croisées sera, en général, de rétablir la lumière.

Les colorations ainsi produites pourront servir à

constater, sur une plaque mince, taillée dans une roche, la présence de minéraux entremêlés. Pour un même cristal, la coloration varie avec l'épaisseur, et avec l'orientation, puisque les longueurs d'onde et, par conséquent, les vitesses ne sont pas les mêmes pour chaque couleur. Il arrive, fréquemment, que les cristaux d'un même élément forment des groupes, dont chacun se colore différemment.

Pour des expériences de détermination, basées sur les propriétés optiques, l'appareil le plus simple est celui qui consiste en deux tourmalines fixées sur deux disques, et pouvant tourner dans deux anneaux montés sur une pince, dont le ressort presse les disques. Cet appareil est la *pince à tourmaline*.

LIGNES D'EXTINCTION. — Interposons entre deux tourmalines croisées une lame très mince d'un cristal à un axe optique. En général, cette lame dissipe l'obscurité ; mais, cependant, elle la rétablit pour deux positions rectangulaires entre elles : 1° lorsque son axe est parallèle ; 2° lorsqu'il est perpendiculaire à l'axe du polariseur.

Ces directions sont dites *lignes d'extinction*.

Si la lame cristalline a été taillée perpendiculairement à son axe optique, elle se comportera entre l'analyseur et le polariseur comme un cristal isotrope.

Une lame, taillée dans un cristal des systèmes quadratique ou rhomboédrique, donnera les deux lignes d'extinction dont nous venons de parler.

Si la lame a été taillée dans un cristal orthorhombique, il y a encore deux lignes d'extinction ; de même dans le système clinorhombique.

AXES D'ÉLASTICITÉ OPTIQUE. — On appelle *axe d'élasticité optique*, une direction parcourue par deux rayons de vitesses différentes issus du même rayon incident. Il y a une infinité de ces axes dans le plan perpendiculaire à celui de la principale symétrie.

Pratiquement, un axe d'élasticité présente ce caractère, de rétablir l'obscurité quand il est parallèle à l'axe, ou à la section principale de l'analyseur ou du polariseur.

Dans les systèmes quadratique et rhomboédrique, il y a deux axes d'élasticité optique.

Le système orthorhombique en présente trois parallèles à la hauteur, et aux deux diagonales de la base.

Le système clinorhombique offre trois axes d'élasticité, mais sans relations connues avec les lignes cristallographiques.

Le système triclinique présente trois axes dont la direction ne peut pas être déterminée d'avance.

Dans le prisme orthorhombique, les lignes d'extinction sont les mêmes pour toutes les couleurs. Il n'en est pas de même dans le système clinorhombique, où un seul axe d'élasticité est une ligne d'extinction commune. Les axes d'élasticité des diverses couleurs n'ont pas la même direction.

Appareils de polarisation. — La tourmaline présente le grave défaut d'être colorée, ce qui peut, fréquemment, être une cause d'erreur.

On peut la remplacer par un rhomboèdre de spath d'Islande, en ayant soin d'intercepter l'un des deux rayons, au moyen d'un écran.

On emploie aussi, très souvent, le *prisme de Nicol*.

C'est un spath disposé pour arrêter le faisceau ordinaire. On coupe un cristal en deux moitiés, par une section très oblique, on polit les nouvelles faces et on les soude avec du baume de Canada dont l'indice de réfraction est compris entre les deux indices du spath. Dans ces conditions, le faisceau ordinaire subit, sur la couche intermédiaire, la réflexion totale et va se perdre dans la monture de l'appareil.

On peut encore polariser la lumière en la faisant réfléchir sur un miroir sous un angle de 35°25'.

On adapte le plus souvent ces appareils à des microscopes, et l'on examine soit les lignes d'extinction, soit les teintes produites par des lames minces.

MICROSCOPE POLARISANT. — Pour l'examen des roches et des cristaux, les microscopes doivent recevoir certaines dispositions spéciales.

La mesure d'angles de deux lignes droites s'opère sur un cercle divisé, dont le plan est parallèle à celui des deux droites, et dont le centre coïncide avec le sommet de l'angle qu'elles font entre elles.

A cet effet, le foyer de l'oculaire porte deux fils rectangulaires, dont le point de croisement est sur l'axe optique de l'appareil. En faisant mouvoir la lame cristalline, ou mieux la platine qui la porte, on amène le sommet de l'angle en face du point d'intersection des fils.

La platine est à chariot mobile, et peut se déplacer parallèlement à elle-même suivant deux directions rectangulaires. Elle est de forme circulaire et peut tourner sur son centre au niveau d'une sorte de boîte percée d'un orifice convenable, et dont le bord intérieur est divisé en degrés et fractions de degré. Sur une partie de son contour, la circonférence de la platine est elle-même divisée, et fonctionne comme un vernier.

Pour mesurer l'angle d'une droite de position connue avec une ligne d'extinction, on adapte, sous le porte-objet du microscope, un nicol polariseur, et, au-dessus, ou au-dessous de l'oculaire, un nicol analyseur.

On tourne celui-ci jusqu'à ce que l'obscurité soit obtenue. Les deux fils croisés ont été disposés, par le constructeur, de manière à être parallèles chacun à l'une des sections principales des nicols.

Pour l'étude de certaines propriétés optiques, il est nécessaire de se servir de lumière rendue convergente par des lentilles.

Pour rendre convergente la lumière parallèle, on se sert d'une lentille achromatique de trois centimètres de foyer, qu'on peut introduire, à volonté, dans l'axe de l'instrument, et on dispose, au-dessus de l'objectif, deux lentilles à très court foyer placées au-dessus de l'analyseur, elles ont pour effet d'amener sur la lame cristalline un faisceau de rayons lumineux polarisés convergents.

Caractères optiques des systèmes cristallins. — Les cristaux du système cubique ont la réfraction simple et ne modifient aucunement la direction des vibrations lumineuses.

1° *Lumière convergente.* — Les cristaux quadratiques et rhomboédriques possèdent un axe optique, autour duquel on observe des anneaux colorés, circulaires, traversés par une croix noire ; le rayon réfracté reste simple, parallèlement à l'axe. La croix ne change pas d'aspect lorsqu'on tourne la lame cristalline.

Les cristaux des trois autres systèmes sont biaxes. Autour de chaque axe, on observe des anneaux colorés, ovales, traversés par une bande noire, en forme d'hyperbole, dont la position varie avec celle de la lame.

2° *Lumière parallèle.* — Si l'on croise les sections principales de l'analyseur et du polariseur, de manière à produire l'obscurité, une lame d'un cristal cubique, ou taillée dans un cristal uniaxe, parallèlement à la base ou perpendiculairement à l'axe optique, laissent persister l'obscurité, quelle que soit la position qu'on donne à la lame en la faisant tourner sur elle-même.

Une lame mince, interposée entre les nicols croisés, laisse passer de la lumière, lorsqu'elle appartient à un cristal biaxe, ou bien à un cristal uniaxe, mais à condition, cette fois, de n'être pas taillée perpendiculairement à son axe.

A un certain degré d'amincissement, les matières cristallisées se colorent en rétablissant la lumière, et ces colorations sont d'une très grande utilité, pour distinguer les contours de certains cristaux, les orientations dans les cas d'hémitropie. Mais il est des indications plus précises, fournies par les mesures des angles d'inclinaison des lignes d'extinction ou des sections principales qui leur sont parallèles, avec les côtés des contours polygonaux ; surtout si l'on y ajoute la mesure des angles faits, entre eux, par les côtés de ces contours.

Les résultats donnés par l'usage de la lumière polarisée, pour la détermination du système cristallin d'un minéral, sont résumés dans le tableau suivant :

Pour une rotation complète, toutes les sections demeurent obscures.	Section à contours non polyédriques........	Matière amorphe.
	Section à contours polyédriques...........	Système cubique.
Pour une rotation complète, certaines sections sont obscures; d'autres s'éteignent quatre fois dans deux directions rectangulaires.............	Les sections, demeurant obscures pour toute position, sont rectangulaires ou octogonales..............	Système rhomboédrique.
	Les sections demeurant obscures, sont hexagonales.........	Système quadratique.

Pour une rotation complète, les sections deviennent obscures, dans quatre positions rectangulaires. . . .	Toutes les sections s'éteignent parallèlement aux axes cristallographiques.	Système orthorhombique.
	Dans certaines sections la position d'extinction est parallèle à un axe cristallographique.	Système clinorhombique.
	La position d'extinction n'est jamais parallèle à un axe cristallographique.	Système triclinique.
	L'obscurité ne se produit jamais.	Agrégat cristallin.

Polarisation rotatoire. — Nous venons d'indiquer que les cristaux quadratiques et rhomboédriques sont uniaxes, et, en lumière convergente, donnent une série circulaire d'anneaux colorés, traversés par une croix noire. Il est impossible, à ce sujet, de passer sous silence le phénomène présenté par le quartz, qui appartient au système rhomboédrique. Les cristaux de quartz ne montrent, en effet, la croix noire, que si l'on fait l'expérience avec une lame très mince. Avec une plaque un peu épaisse, on voit disparaître la partie centrale de la croix et, au centre, apparaît une couleur uniforme. Si, alors, on tourne l'analyseur dans un certain sens, on voit apparaître, successivement, toutes les couleurs du spectre. Pour certains cristaux, cette rotation doit s'effectuer de gauche à droite (on les dit *lévogyres*); pour d'autres, de droite à gauche (cristaux *dextrogyres*).

On explique ce phénomène, théoriquement, par une rotation que le quartz fait éprouver au plan de polarisation de la lumière. De là le nom de *polarisation rotatoire.*

Ce phénomène est intimement lié avec la position sur le cristal de modifications hémiédriques.

Polychroïsme. — Certains minéraux, vus par transparence, présentent des colorations selon la direction suivant laquelle on les regarde.

La *Cordiérite* (silicate d'aluminium, de magnésium et de fer) paraît bleue dans un sens, grise dans un autre, jaune dans un troisième. L'*Épidote* (silicate de calcium, d'aluminium et de fer) est brune dans un sens, et verte dans un autre.

Cette variation de couleur suivant deux ou plusieurs directions est le phénomène que l'on désigne sous le nom de *polychroïsme*.

Propriétés chimiques des minéraux. — L'étude des propriétés chimiques des minéraux se ramène à deux sortes de recherches : 1° Quels sont les éléments qui constituent le minéral ? 2° En quelles proportions ces éléments sont-ils combinés ? En d'autres termes, on fait l'analyse qualitative et quantitative du corps.

Nous passerons en revue les divers procédés de l'analyse qualitative.

L'analyse se fait par voie sèche ou par voie humide.

Essai par voie sèche. — L'essai par voie sèche est fort important ; on peut avec le chalumeau, le spectroscope, et quelques réactifs, déterminer la nature des éléments de beaucoup de minéraux.

L'essai au *chalumeau* se fait dans un tube fermé à un bout (matras) et dans lequel on chauffe la matière, d'abord à la flamme, puis au chalumeau. On doit examiner, alors, s'il y a un dégagement de vapeur d'eau, ou d'un gaz que l'on cherche à reconnaître ; d'autres fois, il se produit un sublimé caractérisé par sa couleur et son aspect. Il est utile, souvent, lorsqu'on recherche une substance déterminée, de mélanger le minéral pulvérisé avec une autre substance : charbon, sodium, sulfate de potassium, potasse.

Certains minéraux qui ne donnent dans le matras aucun sublimé, en produisent lorsqu'on les grille dans un tube ouvert aux deux bouts.

D'autres fois, il est nécessaire de placer la matière dans une cavité creusée dans un morceau de charbon de bois, et d'y diriger le dard du chalumeau (fig. 14). On remarquera alors si la substance fond

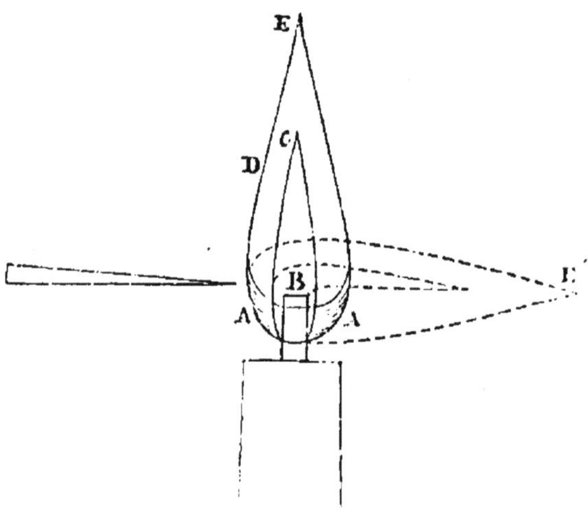

Fig. 14. — Une flamme de bougie. — EE', feu oxydant ; — C, feu de réduction. — B, portion obscure de la flamme. — AA, extrémité inférieure de la flamme.

ou non avec facilité, si elle change de couleur, si elle dégage une odeur soit au feu oxydant (extrémité du dard), soit au feu de réduction (extrémité du cône bleu). Les oxydes d'un grand nombre de métaux sont réduits dans cette opération, et il se forme un grain métallique. On facilite davantage l'opération en additionnant la masse de carbonate de sodium.

Enfin, on peut essayer de colorer une flamme : la matière ayant été pulvérisée, on en prend une petite quantité avec un fil de platine, et l'on chauffe à l'extrémité du cône bleu.

Dans ces conditions la présence d'un sel de Strontium, de Lithium ou de Calcium, est caractérisée par une coloration rouge de la flamme. Les composés du Sodium donnent une coloration jaune. Les minéraux contenant du Baryum, du Cuivre, des Phosphates, ou des Borates, colorent la flamme en vert plus ou moins intense. Le chlorure de cuivre colore la flamme en bleu. Le Potassium donne une coloration violette.

L'usage du borax (biborate de sodium) est souvent très utile. Lorsqu'on fond, à l'extrémité recourbée en crochet, d'un fil de platine, un peu de borax, on obtient une perle incolore, qui a la propriété de dissoudre beaucoup de minéraux en se colorant d'une manière caractéristique, suivant qu'on a chauffé au feu oxydant ou au feu réducteur. Les minerais de fer donnent une perle jaune au feu oxydant, verte au feu réducteur. Le manganèse colore le borax en violet à la flamme oxydante, et la nuance disparaît à la flamme réductrice. On peut remplacer le borax par un sel de phosphore.

Il est nécessaire, parfois, d'humecter, avant l'essai, certains oxydes, avec du nitrate de cobalt. L'alumine, par exemple, donne une masse bleue ; la magnésie, une masse rosée, etc.

L'*essai spectroscopique* permet de reconnaître la présence de beaucoup de métaux : Potassium, Sodium, Cæsium, Rubidium, Lithium, Baryum, etc. On réduit la matière en poudre, et on en prend une parcelle avec un fil de platine, préalablement humecté d'acide chlorhydrique, on présente, ensuite, cette masse à la flamme d'un bec de Bunsen, on en examine le spectre, et on relève, au micromètre, la position des raies. Ainsi le Baryum montre une série de raies vertes, serrées les unes contre les autres ; le Strontium des raies rouges, et une ligne bleue, le Lithium, une raie rouge, unique; le Sodium, une raie jaune, unique ; le Calcium, une raie verte et une raie rouge ; le Potassium, une raie rouge. Celle-ci se distingue de la raie du Lithium, en ce qu'elle reste visible à travers une lame de verre colorée en bleu au cobalt.

ESSAI PAR VOIE HUMIDE. — Les essais par voie humide se bornent à des réactions simples, pour révéler la présence de corps que n'a pas montrés l'essai par voie sèche, ou pour contrôler un premier essai au chalumeau.

On s'assure, d'abord, que le minéral est insoluble dans l'eau, puis on l'attaque par l'acide chlorhydrique un peu étendu, d'abord à froid, puis en chauffant graduellement.

Si l'attaque a lieu, on notera les dégagements de gaz, la formation de gelée (silicates), ou de dépôts pulvérulents (autres silicates).

On fait agir, ensuite, l'acide concentré. On s'assure de l'action de l'acide, en étendant d'eau, puis en ajoutant de l'ammoniaque et du phosphate de sodium, après filtration : si ces réactifs ne donnent pas de précipité, c'est qu'aucune action n'a eu lieu.

Après l'acide chlorhydrique, on emploie l'acide azotique, puis l'eau régale ; et l'acide sulfurique. Ce dernier acide permettra de reconnaître les fluorures, au dégagement d'acide fluorhydrique corrodant le verre.

Certains minéraux donnent avec l'acide phosphorique sirupeux des réactions caractéristiques. Les minérais de manganèse donnent ainsi une liqueur violette, ou incolore, mais en ce cas l'action de l'acide azotique fait apparaître la teinte violette.

Lorsqu'un minéral résiste à l'action des acides, on le fond avec du carbonate de sodium, ou de la potasse, on traite ensuite par l'acide chlorhydrique étendu. Pour certains corps, il faut remplacer le carbonate de potassium par le bisulfate de potassium ; enfin les composés du carbone ne s'attaquent que par fusion avec du nitrate de potassium qui les transforme en carbonate.

CHAPITRE II

EXAMEN DES ROCHES

Usage de la loupe et du microscope. — Les petites dimensions des éléments constitutifs des roches rendent l'examen macroscopique presque toujours impossible.

La première épreuve à laquelle on doit soumettre une roche est, cependant, l'examen à l'œil nu ou armé d'une loupe. Un minéralogiste peut, si le grain est suffisamment gros, reconnaître certains minéraux; en brisant ensuite l'échantillon on peut soumettre à l'étude physique ou chimique chacune des espèces minérales constituantes. Ce procédé ne fournira jamais aucun renseignement sur les substances interposées, souvent, entre les minéraux.

L'examen microscopique simple présente aussi de grandes difficultés.

L'éclat des images diminuant à mesure qu'augmente le grossissement, rend bientôt indistincte l'image d'une roche éclairée par réflexion. Il faut, alors, employer des fragments assez minces pour que la lumière les traverse, mais, dans ce cas, encore, surgit une grosse difficulté : plus la plaque est mince, plus sa couleur caractéristique va s'affaiblissant, et l'on n'a dans le champ du microscope qu'un amas incolore parcouru par des lignes irrégulières ou non, parmi lesquelles on ne peut distinguer les contours des minéraux de leurs fêlures.

Séparation des éléments. — La séparation des éléments a pour but de permettre de recueillir une assez grande quantité de chaque élément pour en tenter l'analyse chimique.

Une méthode fort ingénieuse, mais qui n'est évidemment applicable qu'aux minéraux contenant du fer, consiste dans l'emploi graduel d'un électro-aimant. Un barreau aimanté enlève à une roche pulvérisée tout son oxyde de fer. Deux ou trois éléments de Bunsen, mis en rapport avec un électro-aimant, permettent d'en extraire certains minéraux riches en fer, tels que la Hornblende (silicate de calcium, de magnésium et de fer, appartenant au groupe des amphiboles), l'Olivine (silicate de magnésium et de fer), l'Augite (silicate d'aluminium, de magnésium, de calcium et de fer). Une machine de Gramme, actionnée par un moteur à gaz, enlève tout le mica ferromagnésien d'un granite (Fouqué et Michel Lévy).

On peut soumettre de la poudre de roche à l'action d'un courant d'eau, les éléments les plus légers sont entraînés plus loin que les minéraux lourds, il se produit ainsi une série de dépôts qu'on étudie séparément.

On peut aussi préparer des liqueurs titrées plus denses que l'eau et chercher à y mettre en suspension les éléments de la roche pulvérisée.

Procédé chimique. — L'isolement des minéraux d'une roche peut être obtenu par voie chimique.

Pour cela, après pulvérisation, on attaque par l'acide fluorhydrique concentré, le quartz, puis les silicates contenant du fer sont attaqués les premiers (Fouqué).

Lorsqu'on a obtenu une certaine quantité d'un minéral, on le soumet à l'analyse chimique.

Usage de la lumière polarisée. — L'application

de la lumière polarisée à l'étude des roches, a permis de pousser les recherches plus loin, et avec plus de précision.

On peut se servir de lumière convergente, ou de lumière parallèle.

Emploi de l'appareil à lumière convergente. — L'emploi de l'appareil à lumière convergente est réservé à l'étude des petits grains résultant de la pulvérisation. On rencontre certains de ces grains dont l'orientation est telle qu'il se produit les phénomènes lumineux d'anneaux colorés. Certaines dispositions du microscope permettent de mesurer les angles des faces de cristaux microscopiques.

Examen en lumière parallèle. — L'emploi du microscope en lumière parallèle exige la séparation de lames extrêmement minces. Cette préparation s'effectue de la manière suivante :

On prend, sur la roche, un petit éclat et on le polit sur une meule, à l'émeri, horizontale. La face plane ainsi produite est appliquée, au moyen du baume du Canada, sur une petite lame de verre et on polit l'autre face du petit éclat. On prépare ainsi, aisément, des lames minces dont l'épaisseur ne dépasse pas deux ou trois centièmes de millimètre.

On colle ensuite une deuxième lamelle de verre sur la seconde face de la plaque en évitant soigneusement la présence de bulles d'air, et l'on possède ainsi, une préparation montée, que l'on peut soumettre à l'analyse microscopique.

Les nicols étant croisés, si l'on fait tourner la lame dans son plan, les couleurs des minéraux ne changent pas, mais passent quatre fois par des minima et des maxima d'intensité.

La plaque restant fixée, si l'on fait tourner l'un des nicols, la teinte d'un minéral donné varie.

L'analyseur ayant été enlevé, si l'on fait tourner

le polariseur, on voit certains minéraux passer par diverses colorations ; cette propriété caractérise les éléments polychroïques. Le même phénomène se manifeste, lorsque la plaque, et non le polariseur, tourne dans son plan.

Les substances vitreuses, amorphes, se comportent comme des cristaux isotropes ; elles restent éteintes entre les nicols croisés.

Résultats principaux. — Éléments amorphes ou vitreux. — Un des faits les plus importants que le microscope polarisant ait permis de constater, est la présence, dans beaucoup de roches d'origine interne, d'éléments amorphes ou vitreux, c'est-à-dire non cristallisés, et, par suite, dépourvus d'action sur la lumière polarisée. La proportion et la répartition de ces éléments varient beaucoup avec les diverses roches, et constituent des données intéressantes, au point de vue de la classification.

Cristallites. — En outre, l'emploi des forts grossissements révèle, dans ces portions vitreuses, toute une catégorie de formes élémentaires, qui constituent quelque chose d'intermédiaire entre l'état amorphe et l'état cristallin (A. de Lapparent).

On désigne ces formes sous le nom de *cristallites* (fig. 15) et on les subdivise en *longulites* et *globulites*, suivant la forme qu'elles affectent.

C'est principalement dans la silice et les silicates que se montrent les cristallites. Ces corps sont, en effet, intermédiaires entre les colloïdes qui ne cristallisent jamais, et les cristalloïdes qui se présentent toujours sous la forme cristalline.

Le phénomène par lequel les cristallites se montrent dans une masse vitreuse est souvent appelé *dévitrification*.

Microlithes. — Quelquefois, un cristal de dimensions notables, se montre comme formé par un agrégat de petits cristaux microscopiques, mais nettement formés et dont la détermination est possible d'après les caractères optiques. Ces cristaux, que le microscope montre parfois isolés ou prenant dans la pâte de la roche un alignement qui

Fig. 15. — Cristallites.

met en évidence des mouvements intérieurs produits après une première consolidation, sont appelés des *microlithes* (fig. 16).

Inclusions. — Un phénomène très remarquable, qui a été montré par le microscope, est celui des *inclusions*. On rencontre, assez fréquemment, en-

Fig. 16. — Microlithes.

clavées dans des cristaux nettement définis, des parcelles de matières étrangères, qui peuvent ainsi donner des indications sur les conditions dans lesquelles la cristallisation s'est effectuée.

Les inclusions sont *vitreuses* (fig. 17), *gazeuses* ou *liquides* (fig. 18 et 19).

Inclusions vitreuses. — Ce sont les restes de la matière amorphe au milieu de laquelle les cristaux ont pris naissance. Elles sont isotropes. Leur coloration est généralement brune ou rougeâtre. En général les contours en sont nets, sans pénombre, car il y a une grande différence entre l'indice de réfraction du cristal et celui de l'inclusion. Celle-ci peut, quelquefois, contenir des bulles de gaz qui ont été entraînées avec la pâte vitreuse. Les inclusions vitreuses occupent, parfois, une cavité à contours polyédriques, on les distingue des microlithes qui pourraient être enclavés dans le cristal, parce que la forme polyédrique est celle qui convient au corps

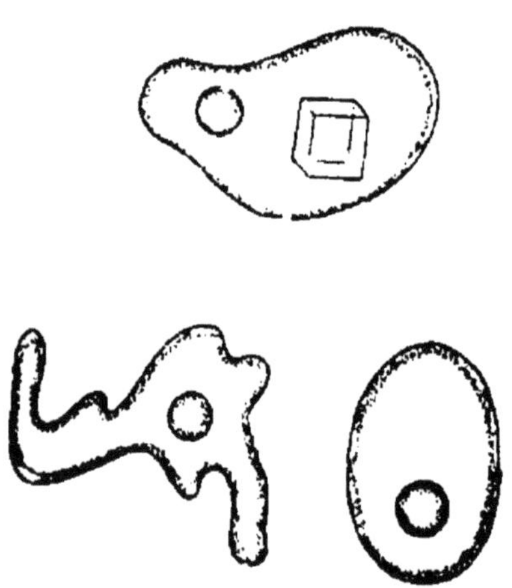

Fig. 17, 18 et 19. — Inclusions.

enveloppant, au sein duquel elle forme ce qu'on appelle un *cristal négatif*. D'ailleurs l'examen optique est, en pareil cas, décisif (A. de Lapparent).

Inclusions gazeuses. — Souvent arrondies, elles peuvent occuper un cristal négatif; leur contour est formé par une bande noire, due aux différences de réfrangibilité entre le gaz de l'inclusion et la matière qui l'environne. Le gaz enfermé est en général de l'azote avec des traces d'oxygène et d'anhydride carbonique. Quelquefois on observe de l'anhydride carbonique, de l'hydrogène et des carbures d'hydrogène.

Inclusions liquides. — Elles ont des formes irrégulières ou polyédriques. Leurs contours sont environnés d'une pénombre distincte, souvent elles contiennent une bulle de gaz, la *libelle*. Elles sont excessivement fréquentes dans le quartz. M. Sorby admet qu'un centimètre cube de quartz du granite peut en contenir 60 millions.

La libelle, qui est regardée comme le caractère distinctif des inclusions liquides, fait parfois défaut. Ces inclusions sont sujettes à des trépidations comparables aux mouvements browniens des corpuscules. On explique ces mouvements par l'échange continuel de molécules devenant les unes gazeuses, les autres liquides, échange qui se fait entre le liquide et sa vapeur: de là des changements continuels dans les dimensions relatives de l'inclusion et de la libelle. Quand celle-ci est grande, les variations se compensent; mais quand elle atteint des dimensions comparables aux espaces intermoléculaires, elles deviennent sensibles à l'observation.

Le liquide des inclusions est de l'eau pure, une dissolution saline aqueuse, ou de l'anhydride carbonique liquide. La plupart donnent des traces de chlore, et de fluor (Fouqué et Michel Lévy), comme dans le quartz de beaucoup de granites. Le fluor paraît être à l'état de fluorure alcalin. Le chlore existe à l'état de chlorure de sodium. On a même signalé des inclusions liquides renfermant un ou plusieurs cubes de chlorure de sodium (fig. 17). Son existence est démontrée par le précipité blanc que donne avec l'azotate d'argent une liqueur résultant du lavage de poudre provenant de la pulvérisation de cristaux à inclusion. (Sorby.)

Il est important de faire observer que les inclusions liquides peuvent se développer après la consolidation des roches. Dans la décomposition de certaines roches, on a vu des éléments cristallins apparaître comme remplis de files alignées d'inclusions liquides. Dans les parties très altérées de la roche, ces files sont remplacées par une aiguille solide de silicate de calcium. Dans d'autres, on voit à côté de cristaux de quartz anciennement formés, d'autres masses quartzeuses résultant de la décomposition de minéraux silicatés voisins et ces masses de quartz, dites quartz de *corrosion*, contiennent des inclusions liquides, qui, évidemment, ne sont d'aucune utilité dans la recherche de la formation de la roche.

Principaux éléments des roches. — Un très petit nombre d'éléments simples, a suffi pour former les minéraux constituants des roches.

Pour donner une classification de ces minéraux en rapport avec leur rôle géologique, il faut diviser les matériaux endogènes en deux groupes : 1° les roches proprement dites; 2° les gîtes minéraux.

On entend par *roches proprement dites*, des masses minérales homogènes sur une grande étendue et constituant la partie fondamentale de la croûte terrestre.

Les *gîtes minéraux* remplissent les fentes des roches et forment des amas de peu d'étendue.

Une roche solide devant jouir d'une grande stabilité, les éléments essentiels en seront durs et réfractaires; de plus, il faut qu'ils aient épuisé leurs affinités chimiques et pour cela doivent être saturés d'oxygène (J. Dana). Les *silicates* remplissent parfaitement ces conditions.

On peut distinguer, parmi les silicates, deux groupes : les uns, riches en oxydes métalliques, entrent dans la composition des roches lourdes, dites *basiques ;* les autres prennent part à la constitution des roches légères dites *acides*, qui doivent leur légèreté spécifique à la prédominance de la *silice* ou *acide silicique.*

Minéraux essentiels des roches acides. — Remarquons donc d'abord, que les roches légères ont dû flotter à la surface, aussi les éléments dominants y sont-ils la silice et l'alumine, toutes deux dures, infusibles et indécomposables.

SILICE. — A l'état de pureté, la silice forme le cristal de roche ou *quartz hyalin.*

Ce minéral cristallise dans le système rhomboédrique. Sa forme ordinaire est celle d'un prisme hexagonal surmonté

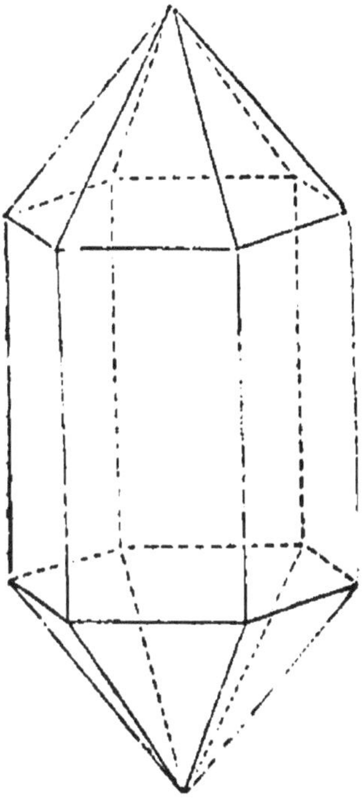

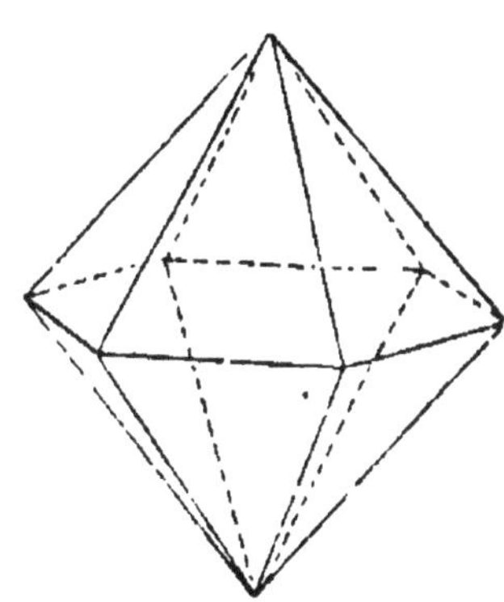

Fig. 20. — Quartz hyalin pyramidé.

Fig. 21. — Quartz hyalin en dodécaèdre.

d'une pyramide formée par les faces de deux rhomboèdres inverses (fig. 20). Le prisme peut disparaître complètement, et le cristal n'est plus formé que par deux pyramides hexagonales accolées par la base (fig. 21). Les cristaux de quartz portent des facettes hémiédriques, dont la position est en rapport avec le sens de rotation du plan de polarisation. Les pans du prisme sont souvent striés perpendiculairement à l'axe principal. C'est là un très bon moyen de reconnaissance surtout pour de petits cristaux.

Les cristaux de quartz ont l'éclat vitreux, un peu résineux, dans les cassures, qui sont conchoïdales. Infusible au chalumeau, le cristal de roche n'est attaqué que par l'acide fluorhydrique.

La présence de traces d'oxydes métalliques, ou de matières organiques, colore les diverses variétés de quartz.

Le quartz *améthyste* est violet, le quartz *enfumé* est brunâtre.

L'*œil de chat* est une variété verdâtre, qui, taillée, présente des jeux de lumière particuliers.

L'*aventurine* brun rouge, contient des fissures qui réfléchissent la lumière en tous sens.

La *calcédoine* est un mélange de quartz amorphe et de quartz cristallin, qui présente des variétés de coloration remarquables, ce sont : la *cornaline*, rouge ; la *sardoine*, brune ; le *plasma*, vert foncé ; la *chrysoprase*, vert clair ; l'*héliotrope*, vert et rouge.

L'*agate* est une calcédoine formée de couches concentriques, mais irrégulières, et de diverses couleurs.

L'*onyx* est une agate, dont les couches sont régulières et les couleurs tranchées.

Le *silex* est gris, blond ou noir, il est très répandu dans la craie (falaises de la Manche).

Le *jaspe* est un quartz amorphe, mêlé d'oxyde de fer, il est rouge, jaune, vert, ou brun, souvent rubané. La *pierre de touche*, noire, et les *schistes siliceux* sont des mélanges de quartz, d'alumine, d'oxyde de fer, de chaux, de charbon, etc.

La combinaison de la silice avec l'eau donne un produit qui est l'*opale*, dont la couleur varie et qui offre parfois de belles irisations : l'*hyalite* est transparente et incolore ; l'*opale de feu* est rouge ou jaune ; l'*opale noble*, translucide ; dans les marnes des environs de Paris, on trouve l'*opale ménilite* en rognons opaques ; l'*hydrophane* est une opale qui devient transparente lorsqu'on la trempe dans l'eau ; les sources chaudes déposent quelquefois des masses fibreuses de silice hydratée, dite *geysérite*. Le *tripoli* et le quartz *résinite* sont des variétés communes d'opale.

Une variété de silice anhydre, qui se rencontre fréquemment dans la pâte des roches éruptives relativement récentes, est la *tridymite*, cristallisée en tables hexagonales réunies en macle de trois individus.

Variétés de Quartz.

Silice anhydre. Prismes hexagonaux		Transparents	*Quartz hyalin.*
		Brunâtres	*Quartz enfumé.*
		Violets	*Améthyste.*
		Verdâtres	*Œil de chat.*
		Brun rouge	*Aventurine.*
Silice anhydre. Lamelles hexagonales réunies par trois			*Tridymite.*
Mélange de silice amorphe et cristallisée	Calcédoine.	Rouge	*Cornaline.*
		Brune	*Sardoine.*
		Vert foncé	*Plasma.*
		Vert clair	*Chrysoprase.*
		Vert et rouge	*Héliotrope.*
		Couches colorées régulières	*Agate, Onyx.*
		Gris, blond ou noir	*Silex.*
Mélange de silice et d'oxyde de fer. Coloré variablement			*Jaspe.*
Silice hydratée	Opale		*Résinite.*
			Hydrophane.
			Geysérite.
			Tripoli.

Alumine. — L'alumine est plus dure encore que le quartz, elle est infusible et insoluble à l'état de pureté. Elle cristallise dans le système rhomboédrique (fig. 22 et 23). Les cristaux, transparents, qui portent le nom de *corindon*, rayent tous les corps sauf le diamant; colorés en bleu ou en rouge, ils constituent le *saphir* et le *rubis* pierres précieuses d'une très grande valeur.

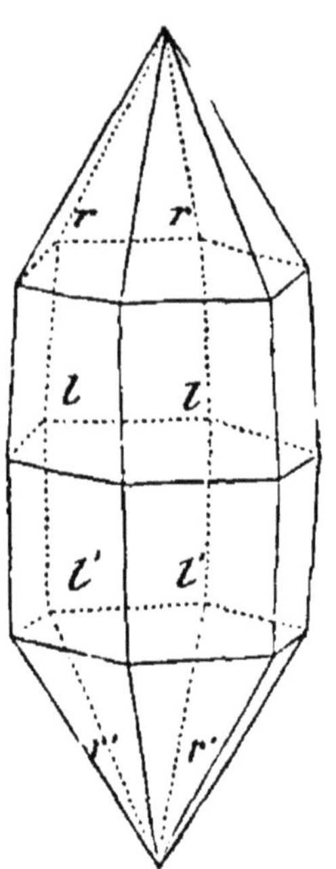

Fig. 22. — Corindon. Forme typique.

L'*émeri* est un mélange de corindon et d'oxydule de fer.

Le *diaspore*, la *bauxite*, sont des alumines hydratés.

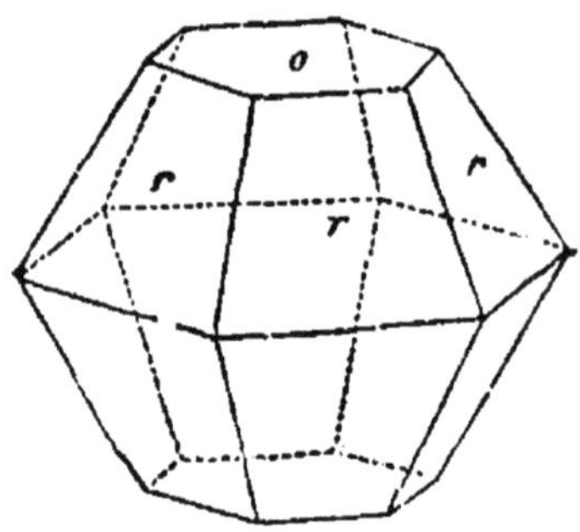

Fig. 23. — Corindon. Forme dérivée de la forme typique.

Combinée avec le magnésium, l'alumine forme le *rubis spinelle;* combinée avec le glucinium, la *cymophane* ou *chrysobéryl*.

Avec la silice et l'eau, l'alumine forme l'*argile*.

Dans les roches légères, l'alumine et la silice sont combinées aux métaux alcalins (potassium, sodium, lithium), aux métaux alcalino-terreux (baryum, calcium, strontium, magnésium) et à un peu de fer.

Les roches acides se sont formées par l'union de ces éléments, la *silice* s'y isole en traînées de quartz formant comme une trame dont les mailles seraient réunies par les cristaux de *feldspath* (V. plus bas) et au milieu sont apparues des lamelles délicates, élastiques, des *micas* (V. p. 62).

Variétés d'Alumine.

Alumine anhydre. Prismes hexagonaux et formes dérivées........	Corindon.	Bleu transparent...	*Saphir.*
		Rouge transparent.	*Rubis.*
		Grenu mélangé de fer oxydulé......	*Émeri.*
Alumine hydratée.............		Éclat vitreux.......	*Diaspore.*
		Grains rougeâtres.	*Bauxite.*
Combinaison d'alumine et de magnésium...........			*Spinelle.*
Combinaison d'alumine et de glucinium.............			*Cymophane.*
Combinaison d'alumine, de silice et d'eau..........			*Argile.*

Feldspaths. — Le feldspath résulte de la combinaison de la silice, avec le potassium, le sodium ou le calcium, et l'aluminium. On distingue plusieurs espèces de feldspath qui sont :

L'*orthose* (fig. 24), feldspath potassique, cristallisé en prismes clinorhombiques fréquemment maclés,

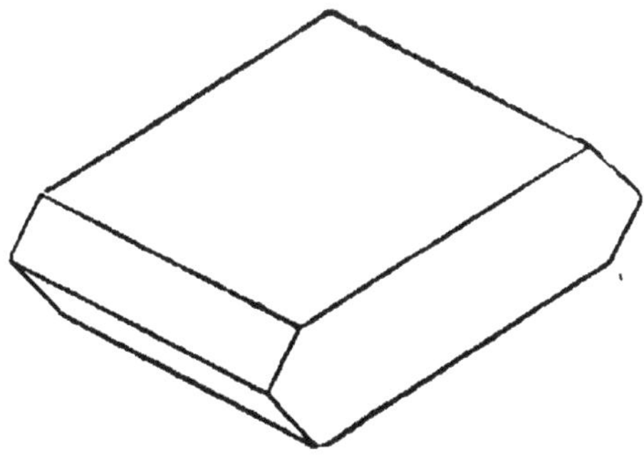

Fig. 24. — Cristal d'Orthose.

colorés en blanc, rouge, jaune ou vert. L'orthose est peu fusible, et inattaquable par les acides. Ses cristaux sont parfois transparents et incolores. On donne à cette variété le nom d'*adulaire*. Une autre variété se présente en cristaux translucides, vitreux, c'est la *sanidine*. La *pierre de lune* est un orthose présentant dans certaines directions des reflets nacrés.

L'*albite* est un feldspath sodique, cristallisé en prismes tricliniques souvent maclés et présentant, alors, un angle rentrant en gouttière, caractéristique. L'albite possède l'éclat vitreux, le plus souvent incolore ou blanc : peu fusible et inattaquable aux acides. On donne le nom de *péricline* à la variété à cristaux blancs, opaques, laiteux.

Le *microcline* est un orthose, cristallisé dans le système triclinique, il ne diffère de lui que par ses propriétés optiques (Des Cloizeaux).

L'*anorthose* est un microcline sodique.

Ces quatre feldspaths sont ceux qui contiennent la plus grande quantité de silice.

L'*oligoclase*, fedspath sodico-calcique, se présente en cristaux analogues à ceux de l'albite, sa couleur est le blanc grisâtre, le jaune ou le vert, à peine attaqué par les acides, fondant plus facilement que l'albite, dont il diffère surtout par sa densité plus grande.

Le *labrador*, feldspath calcique, apparaît sous la forme de cristaux doublement obliques, rares, on le trouve, plus fréquemment, en masses laminaires clivables, translucides à l'éclat vitreux, gris, blanc jaunâtre et présentant souvent de beaux reflets chatoyants bleus, jaunes, verts, rouges. Il fond plus facilement que les feldspaths précédents et est attaqué par l'acide chlorhydrique.

L'*amphigène* ou *leucite* est un feldspath potassique; d'apparence cubique, infusible et attaquable par les acides.

La *néphéline* ou *éléolite* est un feldspath sodique,

du système rhomboédrique, fusible et attaquable par les acides.

L'*andésine* paraît être une variété ou une altération de l'oligoclase.

L'*anorthite* calcique est cristallisé en prismes tricliniques : fusible et attaquable par l'acide chlorhydrique.

On pourrait encore ajouter à la famille des feldspaths ; la *pétalite* et le *triphane*, qui sont lithinifères, ainsi que l'*haüyne*, la *sodalite*, la *noséane* et l'*outremer*, dans la composition desquels entrent le chlore et l'acide sulfurique.

L'anorthite, le labrador et l'oligoclase se présentent, dans les roches, en cristaux complexes formés par juxtaposition de fines lames hémitropes, et montrant sur les cassures de fines stries parallèles. Sous le microscope polarisant, ces propriétés se traduisent par des apparences très particulières, aussi réunit-on ces trois feldspaths sous le nom commun de *plagioclase*.

Feldspaths.

Potassiques.	Clinorhombiques.	Blanc, rouge, jaune ou vert.........	*Orthose.*
		Incolore, transparent........	*Adulaire.*
		Translucide, vitreux	*Sanidine.*
	Triclinique...........................		*Microcline.*
	D'aspect cubique....................		*Amphigène* ou *Leucite.*
Sodiques...	Tricliniques	Vitreux, blanc ou incolore.........	*Albite.*
		Blanc laiteux, opaque	*Péricline.*
		Blanc, translucide.	*Anorthose.*
	Rhomboédrique......................		*Néphéline* ou *Eléolite.*

Sodico-calcique......	Tricliniques.....	Blanc, jaune ou vert.	*Oligoclase.*	*Plagioclase.*
Calciques..		Blanc jaunâtre, chatoyant..........	*Labrador.*	
		Translucide ou transparent; blanc ou incolore........	*Anorthite.*	
Lithinifères......................................			*Triphane.* *Pétalite.*	
Chlorosulfatés....................................			*Haüyne.* *Sodalite.* *Noséane.* *Outremer.*	

Micas. — Le groupe des micas est assez complexe, il renferme des minéraux contenant 40 p. 100 de silice, et de 15 à 17 p. 100 d'alumine. Les cristaux appartiennent au système du prisme orthorhombique, ils ont l'apparence de prismes hexagonaux,

Fig. 25. — Lamelles de mica superposées.

sont peu nets et parfois tabulaires (fig. 25). Leur éclat est variable, les uns sont gris ou bruns, les autres roses ou violets; d'autres enfin d'un vert plus ou moins foncé. Les micas sont mous et flexibles. Il faut distinguer :

La *biotite*, mica ferro-magnésien, noir ou brun foncé, attaquable par l'acide sulfurique concentré, il se présente en fines lamelles hexagonales. La biotite est dichroïque ; en lumière polarisée, elle paraît brune ou rouge carmin.

La *muscovite*, mica potassique brun.

La *lépidolite*, mica lithinique assez riche en fluor, rose pâle.

La *margarite*, mica calcaire, hydraté, jaunâtre, rose ou blanc.

La *séricite*, mica à éclat soyeux, jaunâtre ou verdâtre, semble être un mélange de biotite et de muscovite.

Variétés de Micas.

Anhydres cristallisés en lamelles hexagonales..........	Ferro-magnésiens. — Axes optiques peu écartés. — Brun noir ou verts....................	*Biotite.* *Phlogopite.*
	Potassique. — Axes optiques écartés. — Gris ou brunâtres.	*Muscovite.*
	Fluorés et lithiques. — Axes optiques écartés. — Roses, violets ou gris.................	*Lépidolites.*
Hydratés. Lamelles hexagonales.....	Calcaires blancs, jaunes ou roses.	*Margarites.*
Mélange de biotite et de muscovite..	Éclat soyeux vert pâle....	*Séricite.*

Tels sont les minéraux principaux des roches acides.

On peut imaginer facilement, que la cristallisation d'éléments réfractaires comme ils le sont, a dû se produire dans des conditions spéciales. Il est permis de penser que diverses substances y ont pris part, en qualité de dissolvants. De ces substances, dont la puissance chimique est aujourd'hui connue, un certain nombre se rencontrent dans les roches à l'état de *minéraux accessoires* que nous allons passer en revue.

Minéraux accessoires. — Les plus importants sont :

La *tourmaline*, silicate d'aluminium contenant du

fluor et de l'acide borique. Elle cristallise dans le système rhomboédrique, mais se présente, d'habitude sous l'aspect d'un prisme hexagonal (fig. 26) pouvant être transparent, translucide, ou opaque. La couleur en est très variable : rose, rouge, brune, verte, noire, bleue. Certaines variétés sont fusibles, d'autres ne le sont pas ; toutes sont insolubles dans les acides.

L'*axinite*, boro-silicate d'aluminium, cristallisé dans le système triclinique, à éclat vitreux, de

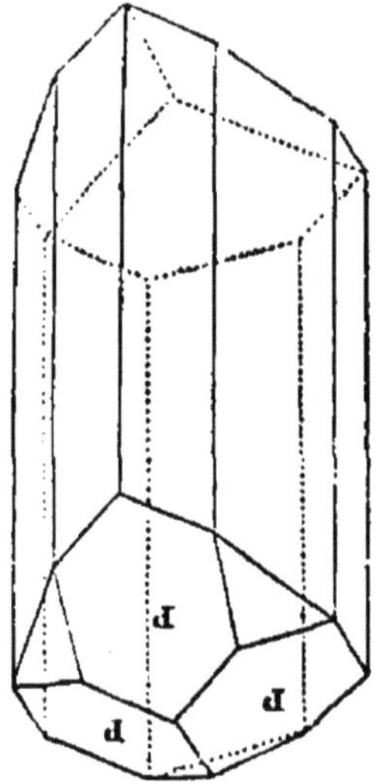

Fig. 26. — Cristal de Tourmaline.

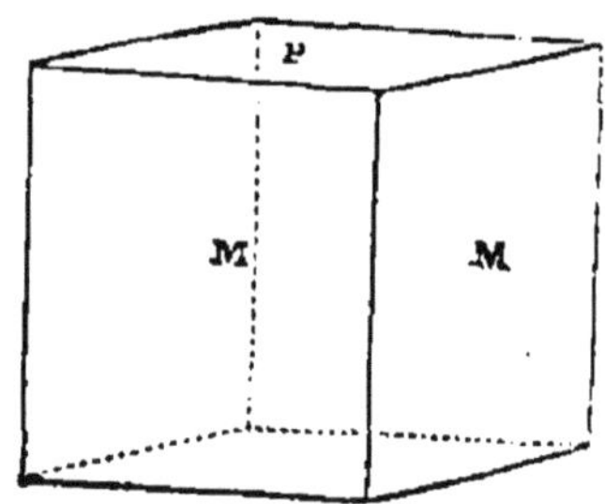

Fig. 27. — Cristal de topaze typique.

couleur violette, plus ou moins foncée, quelquefois verdâtre, facilement fusible, donnant une gelée avec l'acide chlorhydrique.

Le *sphène*, silico-titanate de calcium, cristallisé en prismes clinorhombiques à l'éclat vitreux, transparent ; jaune, vert, rouge ou rose, fusible et attaquable par l'acide chlorhydrique.

La *topaze*, silico-fluorure d'aluminium cristallisé en prismes orthorhombiques (fig. 27), transparents, incolores, jaunes, verdâtres ou bleus striés verticalement (fig. 28 et 29). La topaze jaune du Brésil devient rose après une légère calcination, elle est infusible et insoluble dans les acides.

Le *rutile*, ou *anatase*, oxyde de titane, cristal-

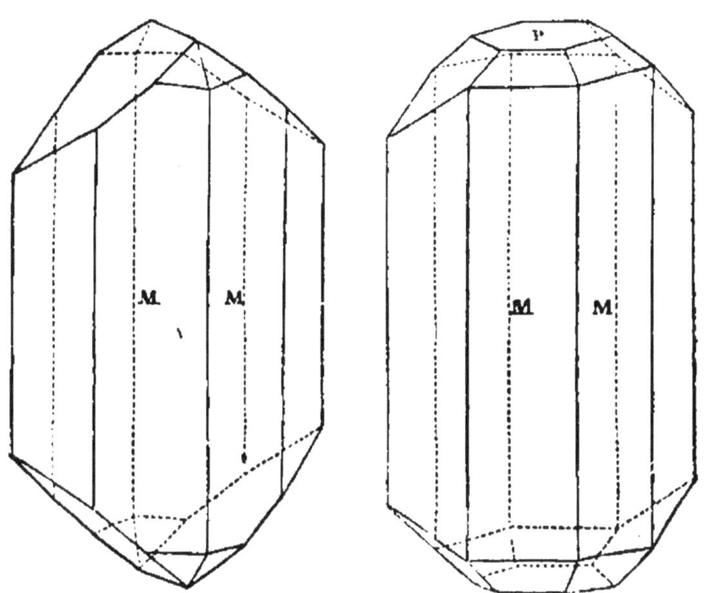

Fig. 28. — Cristal de topaze, forme dérivée du cristal typique. Fig. 29. — Cristal de topaze forme dérivée.

lisé dans le système quadratique (fig. 30, 31 et 32), opaque ou translucide, rouge brun, infusible et inattaquable par les acides. Les cristaux de rutile sont souvent maclés (fig. 31 et 32). Le rutile proprement dit est rouge, brun ou jaune, l'anatase se rencontre généralement sous forme d'octaèdres aigus du système quadratique ; il est translucide et son éclat est adamantin. Il est moins dense et moins dur que le rutile.

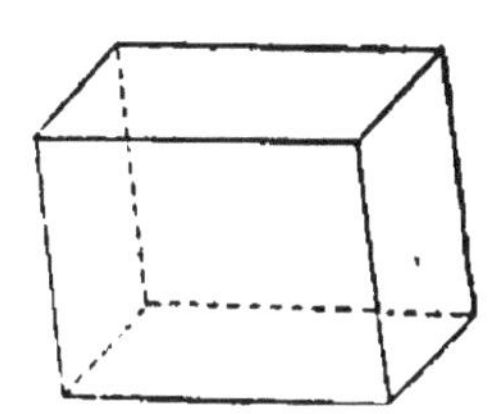

Fig. 30. — Cristal typique de Rutile.

La *brookite* est une troisième forme de l'oxyde de

titane, cristallisée dans le système orthorhombique. Son éclat est adamantin, ses axes optiques écartés, elle a la densité et la dureté du rutile avec l'éclat de l'anatase.

Les réactions chimiques de ces trois minéraux sont identiques.

L'*émeraude* ou *béryl*, silicate d'aluminium et de

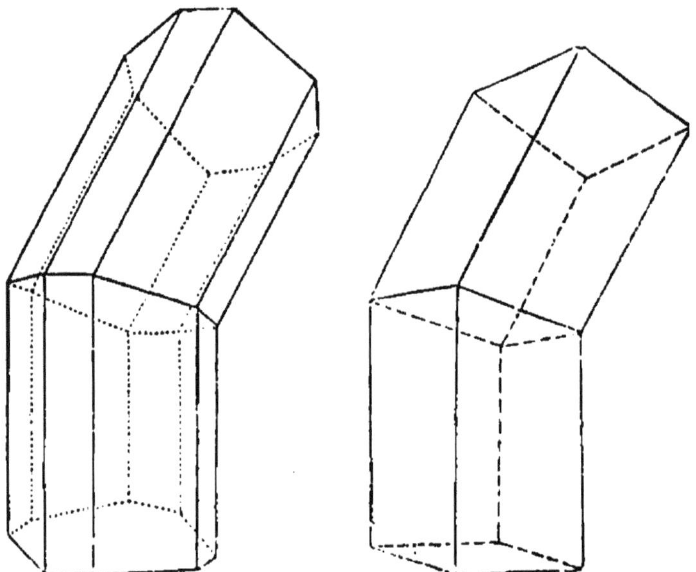

Fig. 31. — Forme dérivée de Rutile.

Fig. 32. — Forme dérivée de Rutile.

glucinium, cristallisé dans le système rhomboédrique, et se présentant en prismes hexagonaux, à éclat vitreux, vert de diverses nuances, bleu (*béryl*) ou vert d'eau (*aigue-marine*). Les cristaux d'un beau vert ont seuls de la valeur.

La *cordiérite*, silicate d'aluminium avec fer et magnésium, se présentant en prismes rhomboïdaux droits, translucides et dichroïques (V. p. 43). La *pirite* est un minéral provenant de la décomposition par pseudo-morphose de la cordiérite ; le potassium s'y substitue au magnésium.

Le *zircon*, silicate de zirconium, cristallisé en prismes quadratiques transparents, translucides, ayant l'éclat adamatin, rouge hyacinthe, jaune ou

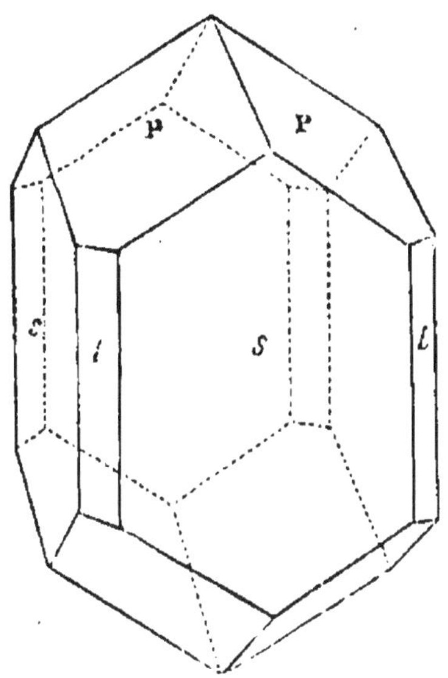

Fig. 33. — Cristal de zircon.

incolore, infusible, et insoluble dans les acides (fig. 33, 34 et 35.) La forme cristalline la plus répandue est celle d'un prisme combiné à un octaèdre (fig. 35). La variété rouge, qu'on trouve assez fréquemment à Espally (Haute-Loire), porte le nom d'*Hyacinthe*. Les cristaux de zircon se rencontrent dans les roches granitiques et basaltiques, les alluvions et les sables des rivières. On le trouve principalement dans la syénite (Voy. chap. V), en Norvège.

Les autres minéraux qui contiennent du zirconium sont rares. Ce sont : la *catapléite*, silicate complexe ou le fer, le sodium, le calcium et l'aluminium sont associés au zirconium : l'*eudyalite* dans laquelle le manganèse et le titane s'ajoutent aux métaux précédents ; et la *wöhlérite*, laquelle renferme en quantité notable le niobium et en quantité faible le magnésium, associés au zirconium, au calcium, au sodium et au fer.

L'*apatite*, phosphate de calcium contenant du

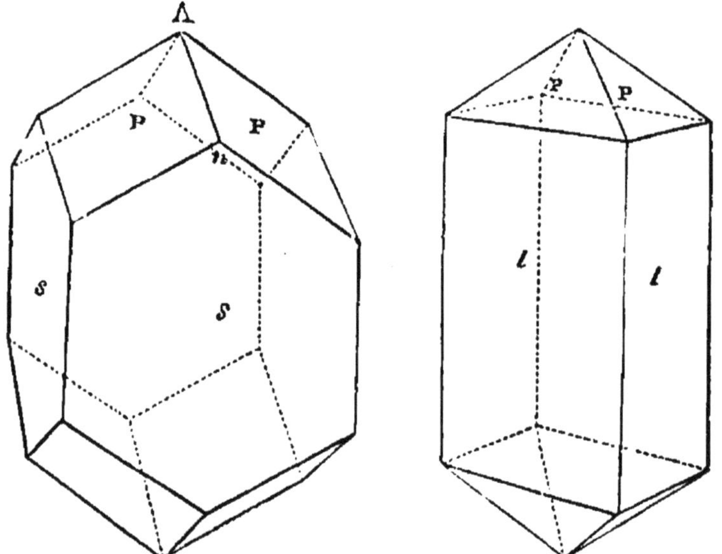

Fig. 34. — Cristal de zircon. Fig. 35. — Cristal de zircon.

chlore et du fluor, cristallisé dans le système rhomboédrique, et se présentant sous l'aspect de prismes hexagonaux, transparents ou translucides, à éclat vitreux, de couleur très variable, difficilement fusible, et soluble dans les acides (fig. 36 et 37).

L'*amblygonite*, fluophosphate d'aluminium, cristallisé dans le système triclinique, blanc verdâtre, ou rosé.

La *wavellite* est un autre fluophosphate d'aluminium assez répandu dans les roches légères.

Minéraux accessoires.

Silicates........	d'aluminium. Contenant du fluor et de l'acide borique. Prisme hexagonal..................	*Tourmaline.*
	d'aluminium avec acide borique. Prisme triclinique...........	*Axinite.*
	de calcium avec acide titanique. Prisme clinorhombique.......	*Sphène.*
	d'aluminium avec fluor. Prisme orthorhombique..............	*Topaze.*
	d'aluminium et de glucinium. Rhomboèdre................	*Émeraude.*
	d'aluminium, de fer, et de magnésium. Prisme orthorhombique......................	*Cordiérite.*
	De zirconium. Prisme quadratique.	*Zircon.*
Oxydes.........	de titane. Prisme quadratique...	*Rutile.*
Fluophosphates..	de calcium. Rhomboèdre.......	*Apatite.*
	d'aluminium. Prisme triclinique.	*Amblygonite.*
	d'aluminium. Prisme orthorhombique......................	*Wavellite.*

Les autres phosphates que l'on peut rencontrer

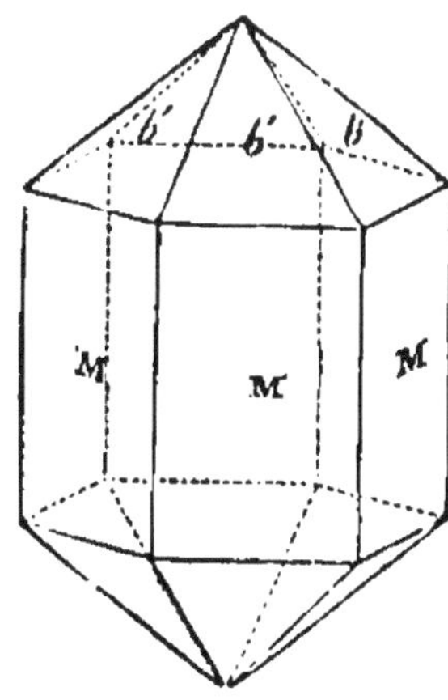

Fig. 36. — Apatite.

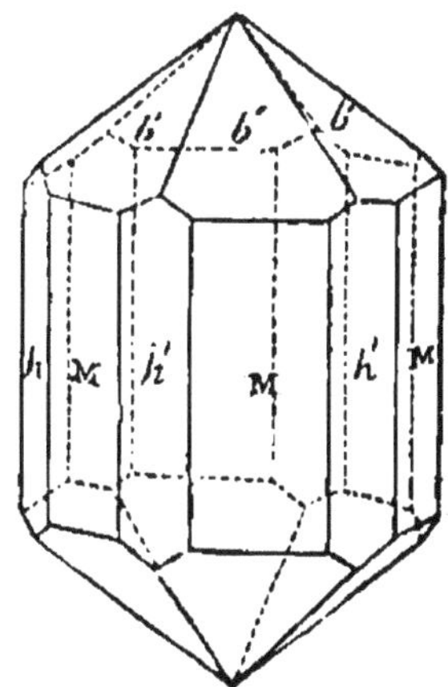

Fig. 37. — Apatite.

sont : la *cuproapatite*, phosphate de calcium et de cuivre ; l'*hydroapatite*, phosphate de calcium hydraté ;

la *wagnérite*, phosphate de magnésium; la *turquoise*, phosphate d'aluminium contenant du cuivre et du fer; la *monazite*, phosphate de cérium; l'*uranite* et la *chalcolithe*, phosphates d'uranium; la *vivianite*, la *dufrénite*, la *triplite*, l'*hétérosite* et la *triphyline*, phosphates de fer; la *pyromorphite*, phosphate de plomb; la *libéthénite* et la *lunnite*, phosphates de cuivre.

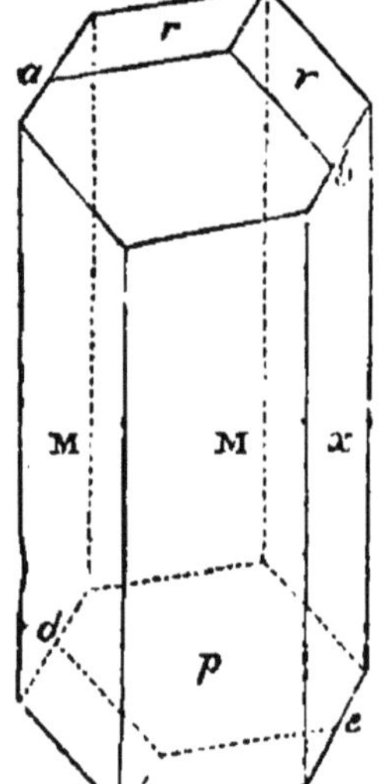

Fig. 38. — Amphibole.

Tous ces éléments se trouvent soit en cristaux, soit en masses compactes, ils sont exceptionnels dans les roches en général.

Minéraux essentiels des roches basiques. — Avec les feldspaths pauvres en silice, comme le labrador et l'anorthite, on rencontre, dans les roches basiques, des silicates ne renfermant pas d'aluminium, mais contenant du calcium, du magnésium, et du fer. On peut diviser ces silicates en trois familles : les *Amphiboles*, les *Pyroxènes* et les *Péridots*.

Amphiboles. — Ces minéraux sont des silicates plus riches en magnésium qu'en calcium, leur composition chimique est complexe, tous cristallisent en prismes clinorhombiques de 124°,11' (fig. 38). Ce son :

La *trémolite* (fig. 39 et 40), translucide, un peu nacrée, blanche, verte ou grise, fusible et inattaquable par les acides (fig. 39).

L'*actinote* se présente en cristaux fibreux, dont la coloration comprend toutes les nuances du vert; elle est fusible et insoluble dans les acides.

Le *jade* ou *néphrite* est une trémolite compacte

d'un vert foncé à éclat un peu gros, plus difficilement fusible que la trémolite ; l'*amiante*, ou *asbeste*, que l'on trouve sous l'aspect de filaments semblables à de la soie, est une trémolite plus ou moins

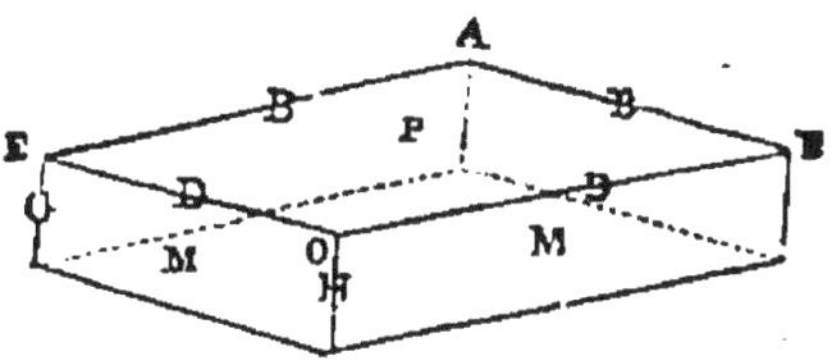

Fig. 39. — Amphibole. Cristal primitif de la trémolite.

altérée ; les produits connus sous les noms de *cuir*, *liège* ou *carton de montagne*, ainsi que la *byssolithe*, sont des variétés d'amiante.

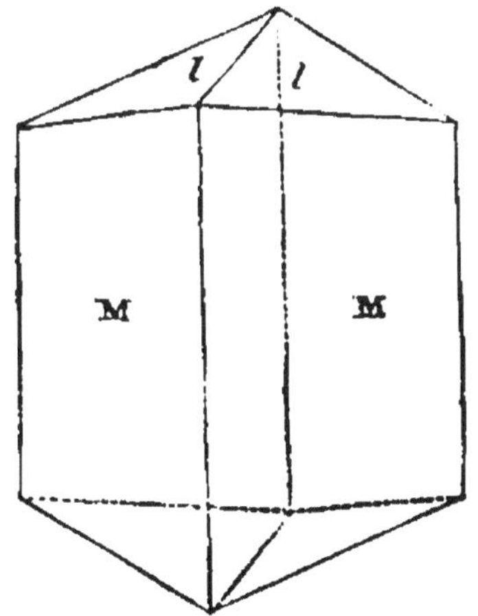

Fig. 40. — Forme ordinaire de trémolite dérivée du prisme de la figure 39.

La *hornblende* (fig. 41) ou *amphibole noire* renferme une certaine proportion d'aluminium, elle est de couleur foncée, noire ou verte, fusible et presque insoluble dans les acides ; la hornblende forme la partie essentielle de certaines roches : Syénites, Diorites, Amphibolithes.

L'*anthophyllite* est une amphibole cristallisée dans le système orthorhombique, translucide, à un éclat un peu vitreux. Elle présente deux axes optiques très écartés. Sa pauvreté en alumine l'éloigne un peu du groupe. Toutefois il existe un minéral très semblable, la *gédrite*, qui est riche en minium. Ces deux minéraux sont peu fréquents dans les roches.

Amphiboles.

Silicates de magnésium, calcium et fer, avec prédominance du magnésium. Prismes clinorhombiques...	Cristaux translucides, vitreux, nacrés, blancs ou verts.....	*Trémolite.*
	Compacts verts...............	*Jade ou Néphrite.*
	Filaments soyeux, blanchâtres.	*Amiante ou Asbeste.*
	Cristaux fibreux, vitreux, translucides et verts.............	*Actinote.*
	Cristaux opaques, vitreux, noirs ou d'un vert foncé..........	*Hornblende.*

PYROXÈNES. — Dans cette famille, le calcium prédomine sur le magnésium, le prisme clinorhombique diffère par son angle du prisme des amphiboles, il n'est que de 87°,5' (fig. 42).

Les pyroxènes sont :

Le *diopside* incolore, blanc ou vert nuancé, fusible et insoluble

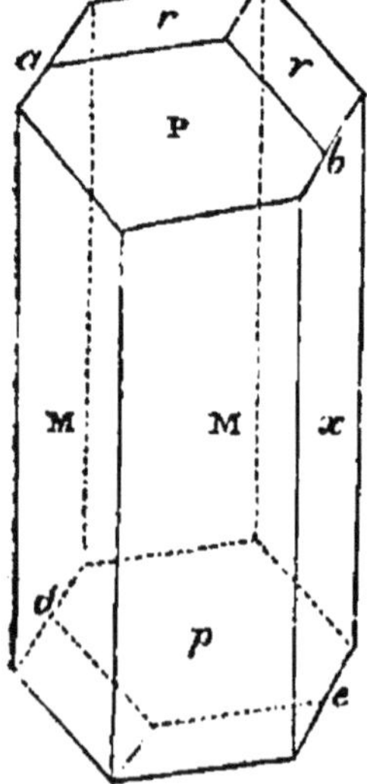

Fig. 41. — Hornblende, forme dérivée d'un prisme tel que celui de la figure 39.

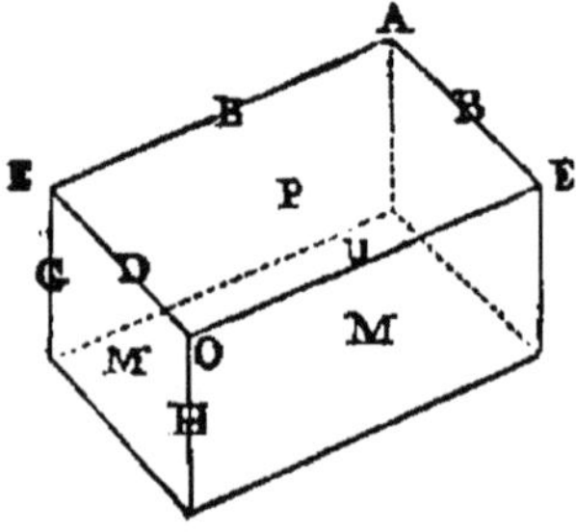

Fig. 42. — Prisme primitif des cristaux de pyroxène.

dans les acides (fig. 43). Ces cristaux sont fréquemment maclés.

Le *diallage* est une variété de diopside en masses laminaires, clivable, brun ou verdâtre. A travers une face de clivage, le diopside et le diallage montrent, au microscope polarisant, un système d'anneaux unique.

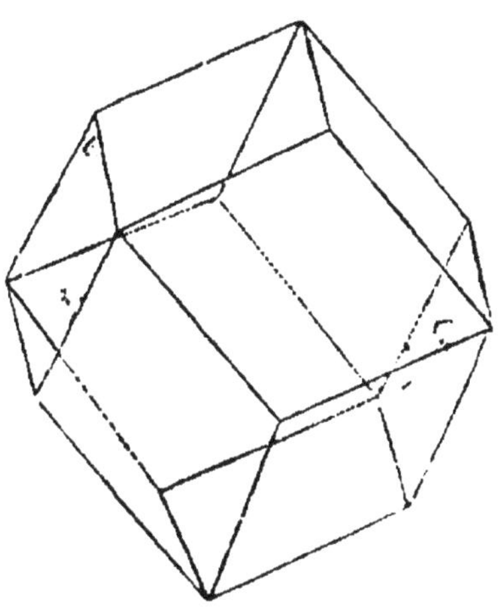

Fig. 43. — Diopside.

L'*augite* peut se rapprocher de la hornblende, il contient, comme elle, une certaine proportion d'aluminium ; il est noir, ou vert foncé, fusible, et à peine attaqué par les acides (fig. 44 et 45).

Ce pyroxène abonde dans les basaltes, les mélaphyres, et les laves.

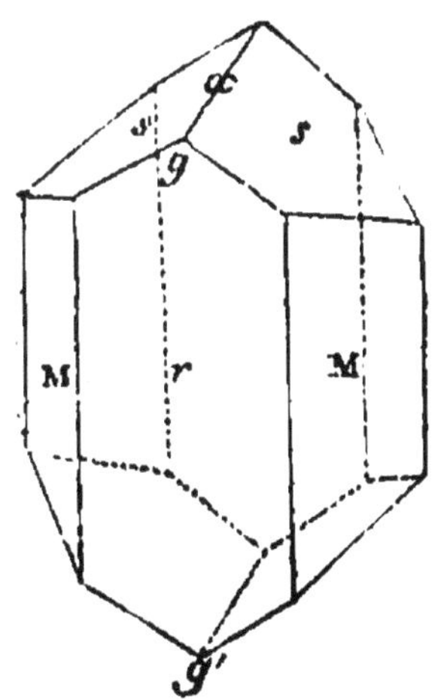

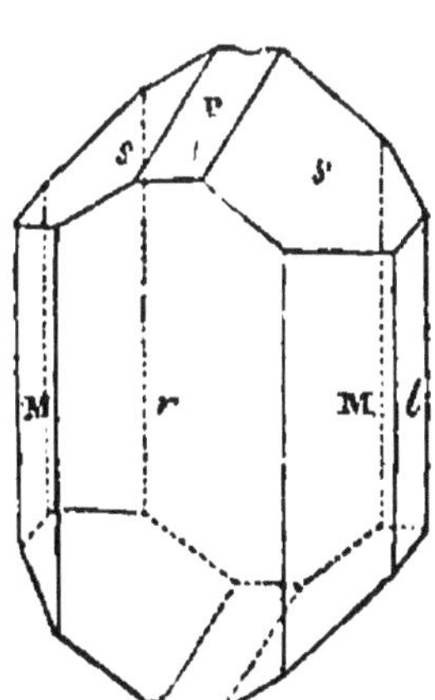

Fig. 44 et 45. — Augite.

L'*hédenbergite*, isomorphe avec le diopside, contient du fer ; il est fusible, et assez magnétique.

L'*ægyrine* est une variété d'hédenbergite très sodifère.

On rattache aux pyroxènes :

1° L'*hypersthène*, qui cristallise en prismes orthorhombiques, opaque en masse, mais translucide et même transparent en petites quantités, l'éclat en est nacré, noir, gris, ou verdâtre ; il est fusible et inattaquable par les acides.

2° L'*enstatite*, cristallisé en prismes rhomboïdaux droits, et isomorphe de l'hypersthène, il est translucide et blanc jaunâtre, difficilement fusible, insoluble dans les acides.

3° La *bronzite*, isomorphe de l'enstatite, brune, ou jaune verdâtre ; difficile à fondre, est insoluble dans les acides, et très dure. La bronzite peut être regardée comme une variété d'enstatite (Des Cloizeaux).

Pyroxènes.

Silicates de calcium de magnésium et de fer avec prédominance du calcium. Prismes clinorhombiques...	Transparent ou translucide. Vitreux. Blanc, vert, ou jaune.	*Diopside.*
	Masses laminaires verdâtres ou brunâtres..................	*Diallage.*
	Opaque. Noir ou vert foncé. Contient de l'aluminium.....	*Augite.*
	Translucide. Vert foncé. Contient du fer................	*Hedenbergite.*
	Translucide. Blanc jaunâtre...	*Enstatite.*
	Masses laminaires jaunâtres ou brunâtres.................	*Bronzite.*
Prismes orthorhombiques........................		*Hypersthène.*

Péridots. — Les *péridots* sont des silicates magnésiens, dont le plus important est l'*olivine*. Ce minéral cristallise en prismes rhomboïdaux droits. Il est transparent ou translucide, vert ou jaune ; sa variété transparente est appelée *chrysolite*. L'olivine est infusible et fait gelée avec les acides.

Zéolites. — Tous les minéraux dont l'énumération

précède, peuvent être regardés comme constituant la *pâte* des roches. Celle-ci se creuse quelquefois en cavités dites *géodes*, qui sont tapissées de cristaux. Ces minéraux, qui sont des *silicates d'aluminium hydratés*, sont appelés *zéolites* ; tels sont :

La *chabasie*, silicate d'aluminium et de calcium, cristallisé en rhomboèdres ; elle est transparente, incolore, jaune ou rose, facilement fusible et attaquable par l'acide chlorhydrique.

L'*analcime*, silicate d'aluminium et de sodium, cristallisé dans le système cubique. Elle est transparente ou translucide ; incolore, blanche ou rougeâtre ; fusible et attaquée par l'acide chlorhydrique.

La *mésotype*, silicate d'aluminium et de sodium, avec un peu de calcium. Elle cristallise dans le système orthorhombique, est colorée en jaune ou en rouge, fond facilement, et fait gelée avec les acides.

Métamorphisme. — Les roches ont exercé sur les terrains encaissants des actions de contact, modifiant ceux-ci, et, souvent aussi, y introduisant de nouveaux éléments. Quelquefois, aussi, l'infiltration des eaux a amené des modifications dans les espèces. Ce sont de pareilles modifications qu'on désigne sous le nom de *métamorphisme* (Voy. chap. XII).

Minéraux de métamorphisme. — Les minéraux de métamorphisme sont la silice, à l'état de quartz ou d'opale, et des silicates anhydres d'aluminium, cristallisés plus ou moins nettement. Nous énumérerons les plus répandus.

Le *disthène*, silicate d'aluminium, cristallisé en prismes doublement obliques, à l'éclat vitreux ; il est coloré en bleu, mais il perd cette nuance au chalumeau, sans fondre, toutefois. Il n'est pas attaqué par les acides. Au microscope polarisant, une lame très mince, taillée suivant la face de clivage, laisse voir des couleurs brillantes avec des anneaux, correspondant à deux axes optiques très écartés.

On trouve le disthène dans les micaschistes, les talcschistes, etc.

La *sillimanite*, silicate d'aluminium, cristallisé dans le système orthorhombique ; elle contient un peu de fer et de manganèse, elle est colorée le plus souvent en brun, elle est infusible et résiste aux acides.

On trouve souvent les cristaux de sillimanite engagés dans du quartz compact.

L'*andalousite*, silicate d'aluminium, cristallisé en prismes orthorhombiques comme la sillimanite; elle est rougeâtre, infusible et insoluble dans les acides. On la trouve dans les gneiss et les micaschistes.

La *macle*, ou *chiastolite*, est une variété d'andalousite, dans laquelle se sont formés, au centre, et sur les quatre angles, des prismes noirs dont la coloration est due à la matière du schiste où les cristaux se sont formés. Les prismes des angles sont réunis à celui du centre par des traînées fines de même substance noire.

La *staurotide*, silicate d'aluminium, de fer et de magnésium, se présentant en prismes orthorhombiques (fig. 46), souvent maclés en croix (fig. 47), rouge brun. Elle est infusible et difficilement attaquée par les acides. Elle se trouve dans les gneiss, les micaschistes et les schistes argileux.

Les *grenats* sont des combinaisons de la silice et de l'alumine avec le fer, le magnésium, le calcium, et le manganèse. Ils sont cristallisés dans le système cubique.

On en distingue cinq espèces (fig. 48 et 49).

1° Le grenat *grossulaire*, silicate d'aluminium et de calcium, transparent, rouge hyacinthe, blanc, vert (cristaux originaires de Sibérie), jaune ou brun, très dur, fusible et attaquable par l'acide chlorhydrique. Sa forme ordinaire est celle du dodécaèdre rhomboïdal ou du trapézoèdre (fig. 48).

2° Le grenat *almandin* (*almandine*), silicate d'aluminium et de fer, rouge ou brun foncé, translucide, fu-

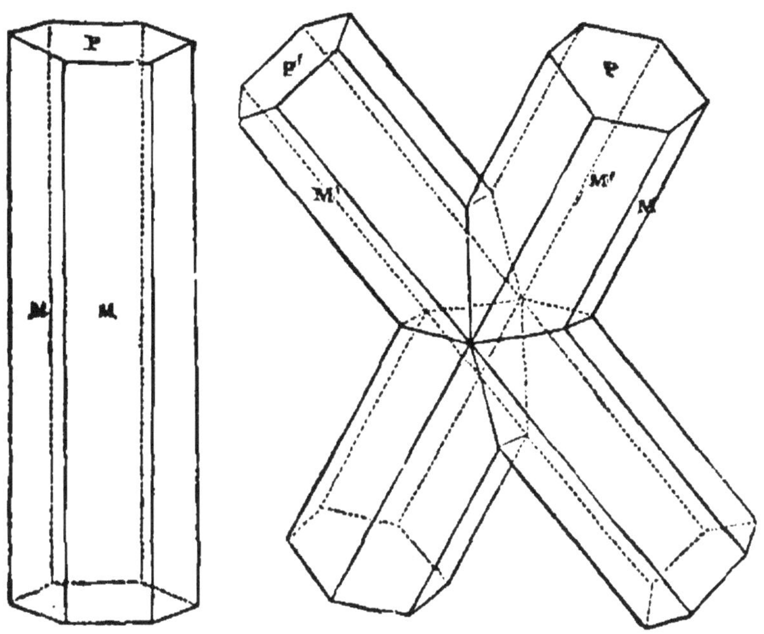

Fig. 46. — Staurotide. Fig. 47. — Macle de cristaux de staurotide.

sible et peu attaquable par l'acide chlorhydrique.

Il a la densité du grossulaire et est plus dur.

Très commun, l'almandin se trouve surtout dans les gneiss et les micaschistes.

3° Le grenat *mélanite*, silicate de fer et de calcium, est translucide et vitreux comme les précédents ; il est aussi dur que l'almandin et coloré en noir, brun, jaune verdâtre ou jaune topaze (variété dite *Topazolite*) ; il fond facilement et se laisse attaquer par l'acide chlorhydrique.

4° Le grenat *spessartine*, silicate d'aluminium et de manganèse, est jaune, brun, très dur, facilement fusible et difficilement attaquable par l'acide chlorhydrique.

5° Le grenat *uwarowite* est un silicate de chrome et de calcium, vert émeraude, presque infusible et insoluble dans les acides.

L'*allanite* et l'*orthite* se rapprochent des grenats par leur composition chimique. Ils cristallisent dans

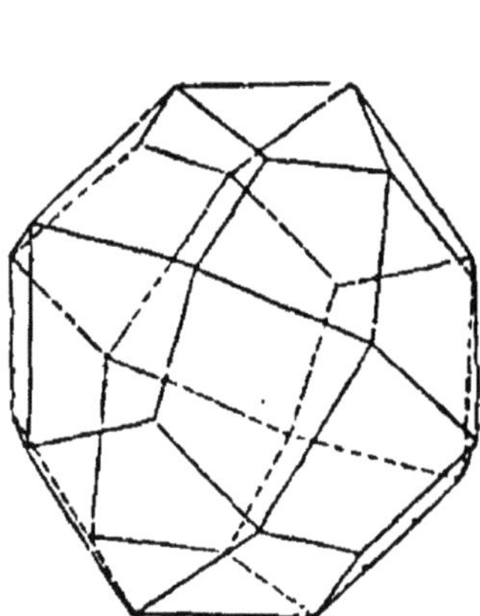

Fig. 48. — Cristal de grenat dérivé d'un cube primitif.

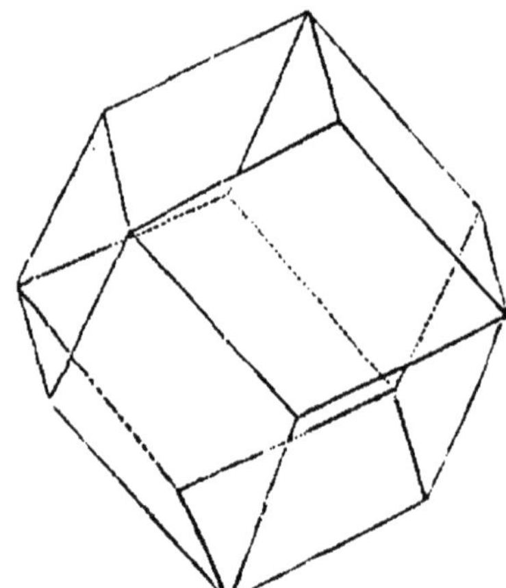

Fig. 49. — Cristal de grenat.

le système monoclinique. Les lames minces qu'on en peut tailler, sont tantôt monoréfringentes, tantôt biréfringentes.

L'*idocrase* est un silicate voisin des grenats comme composition chimique, elle cristallise en prismes quadratiques, transparents ou translucides, à éclat vitreux; elle est verte, jaune ou brune, fond facilement et est peu attaquée par les acides.

La *wernérite* est un silicate hydraté d'aluminium et de calcium avec un peu de sodium et de potassium, elle cristallise en prismes quadratiques, est fusible et attaquable par l'acide chlorhydrique.

La *humite*, silicate de magnésium et de fer, avec un peu de fluor, cristallise en prismes orthorhombiques, et présente des variétés clinorhombiques, auxquelles on donne le nom de *clino-humites* (Des Cloizeaux). La humite est jaune ou brune, infusible, et fait gelée avec l'acide chlorhydrique. La *chondrodite* est une clino-humite un peu plus riche en fluor, et qui se présente en cristaux arrondis, jaunes ou d'un brun rouge.

L'*épidote* est un silicate hydraté d'aluminium et de calcium avec un peu de fer et de magnésium. Elle se présente en prismes clinorhombiques d'un vert plus ou moins foncé, les variétés transparentes sont dichroïques et, regardées dans un certain sens, montrent un des axes optiques sans le secours d'appareils polarisants; elle est fusible et insoluble dans les acides. La variété manganésifère d'épidote est appelée *Piémontite*.

Les *chlorites* sont des silicates hydratés de magnésium, de fer et d'aluminium, se présentant en lamelles flexibles non élastiques, elles proviennent de l'altération d'amphiboles et de pyroxènes.

Le *talc* est un silicate magnésien hydraté, qui se montre en lames hexagonales dérivées, semble-t-il, d'un prisme orthorhombique. Il est onctueux au toucher, très mou, très flexible, fond difficilement et n'est pas attaqué par les acides.

La *stéatite*, ou *craie de Briançon*, est une variété de talc, compacte, qu'on trouve souvent en épigénie de quartz ou de topaze.

La *serpentine* est un silicate magnésien hydraté, qui se rencontre en masses fibreuses compactes, résultant, peut-être, de métamorphoses du péridot ou de pyroxènes. Elle est colorée en vert, en jaune ou en gris, opaque ou translucide, fond difficilement, et se laisse attaquer par l'acide chlorhydrique.

Minéraux de métamorphisme.

Silice			*Quartz.* *Opale.*
Silicates	d'aluminium anhydres		*Disthène.* *Sillimanite.* *Andalousite.* *Staurotide.*
	d'aluminium hydratés		*Humite.* *Chondrodite.*
	d'aluminium et de calcium		*Epidote.*
	d'aluminium, fer et magnésium hydratés.		*Chlorite.*
	de magnésium		*Talc.* *Stéatite.* *Serpentine.*
Silicates doubles.	Cubiques (*Grenats*).	de fer et de calcium	*Grossulaire.*
		d'aluminium et de fer	*Almandin.*
		de fer et de calcium	*Mélanite.*
		de fer et de manganèse	*Spessartine.*
		de chrome et de calcium	*Uwarowite.*
	Quadratique		*Idocrase.*

Gîtes minéraux. — Les éléments des gîtes minéraux sont : 1° des oxydes : le *corindon* (oxyde d'aluminium), accompagné d'aluminates de fer et de magnésium, *spinelle* et *bauxite;* le *rutile* et l'*anatase* (oxydes de titane).

2° Des nitrates, des carbonates, des borates : la *withérite*

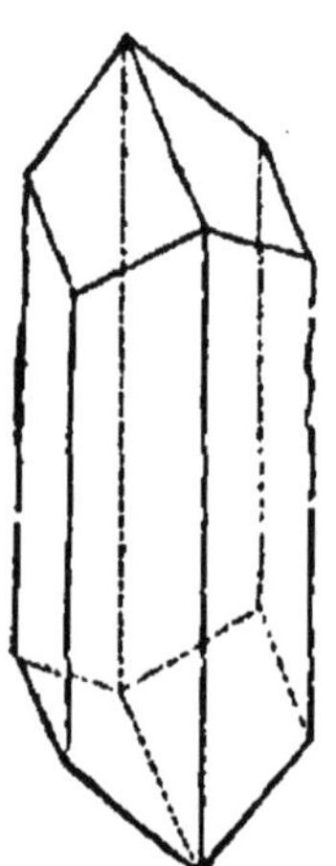

Fig. 50. — Aragonite.

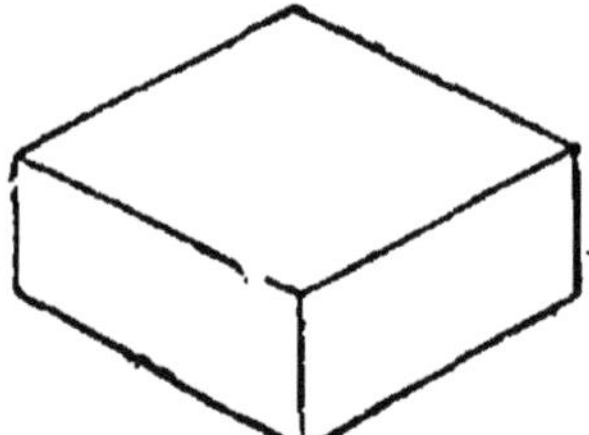

Fig. 51. — Carbonate de calcium.

(carbonate de baryum), la *strontianite* (carbonate de strontium), l'*aragonite* (carbonate de calcium en prisme, fig. 50), la *calcite* (carbonate de calcium

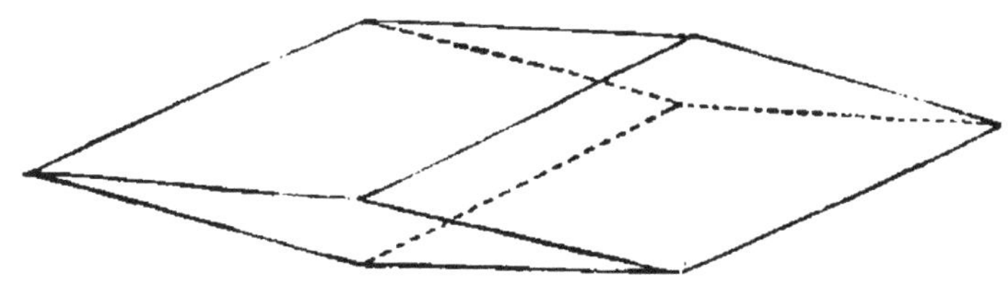

Fig. 52. — Calcite.

rhomboédrique, fig. 51, 52 et 53), la *dolomie* (carbo-

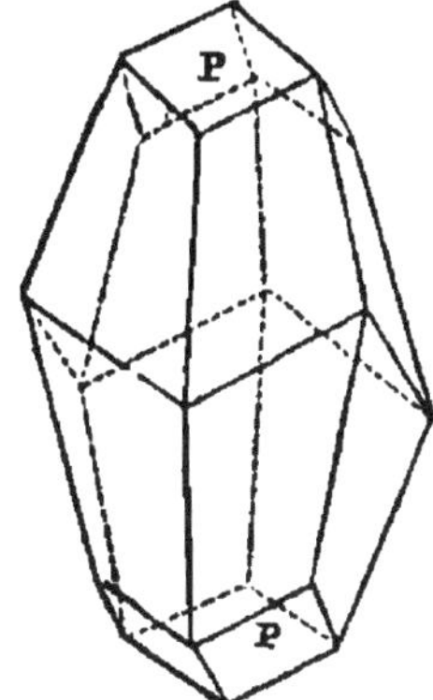

Fig. 53. — Calcite.

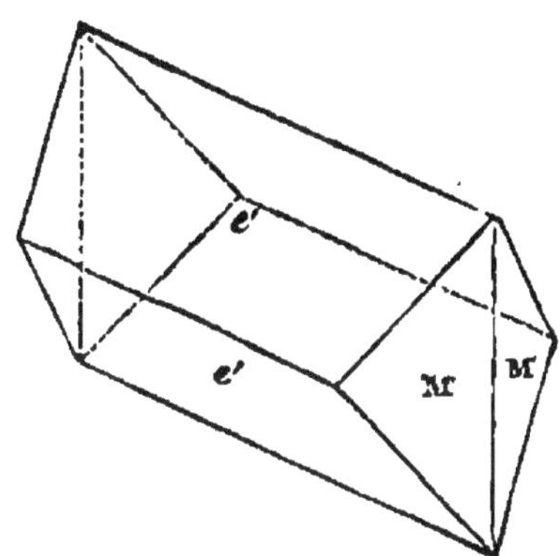

Fig. 54. — Célestine.

nate double de calcium et de magnésium), la *giobertite* (carbonate de magnésium). Ces derniers éléments appartiennent au système rhomboédrique.

3° Des sulfates : l'*anhydrite* (sulfate de calcium anhydre), le *gypse* (sulfate de calcium hydraté), la *barytine* (sulfate de baryum), la *célestine* (sulfate de strontium, fig. 54 et 55).

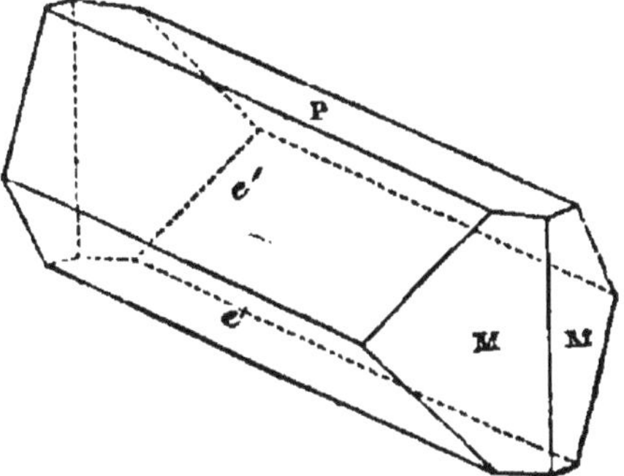

Fig. 55. — Célestine.

4° Des phosphates : l'*apatite*, la *phosphorite* (phosphate de calcium), l'*amblygonite* (phosphate d'aluminium), la *turquoise* (phosphate d'aluminium hydraté).

5° Des arséniates, tungstates, assez rares.

6° Des sels haloïdes : le *sel gemme*, la *fluorine* (fluorure de calcium, fig. 56 et 57), la *cryolithe* (fluorure d'aluminium et de sodium).

Il faudrait ajouter, ici, les *minerais*, c'est-à-dire

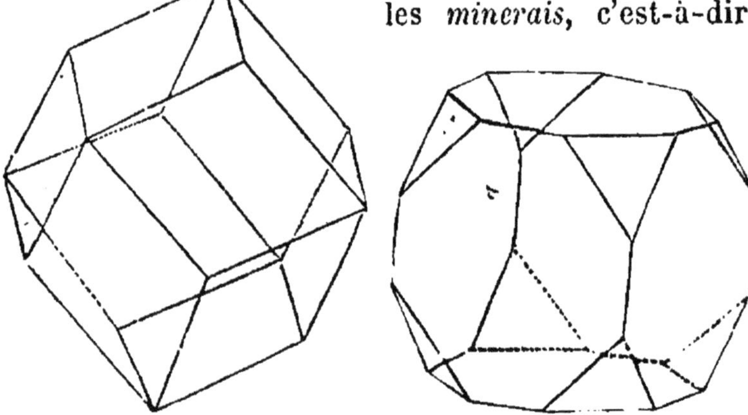

Fig. 56 et 57. — Fluorine.

les combinaisons des métaux avec les différents agents minéralisateurs, comme le soufre, l'arsenic, le tellure; mais l'étude des gites métallifères mérite d'être traitée à part (Voir p. 176). Nous énumérerons seulement ceux de ces minerais qui apparaissent dans les roches. Ce sont :

La *magnétite* ou *fer oxydulé*, cristallisé dans le système cubique, noire de fer, assez dure, fortement magnétique, peu fusible et attaquable par l'acide chlorhydrique.

L'*ilménite*, ou *fer titané*, qui cristallise en rhomboèdres, possède un éclat métallique incertain, est très dur, peu magnétique, infusible, attaqué à chaud par l'acide chlorhydrique concentré.

La *pyrite*, ou *fer sulfuré*, cristallisée en cubes ou formes dérivées (fig. 58 et 59), elle a l'éclat métal-

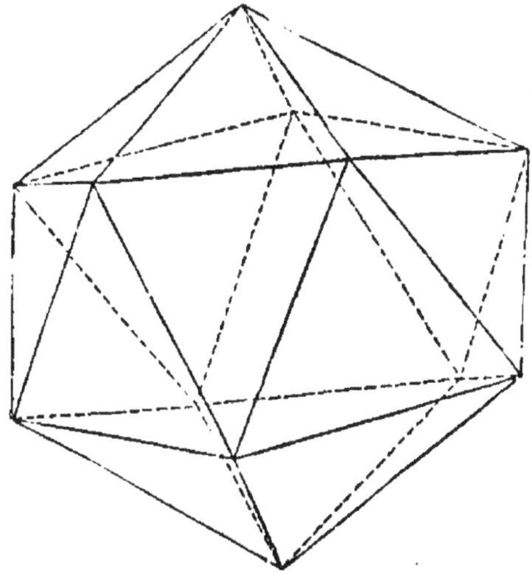

Fig. 58. — Pyrite jaune.

lique, se montre souvent d'un jaune d'or, fond assez facilement et est attaquée par l'acide azotique.

La *marcasite* est une forme orthorhombique de pyrite de fer.

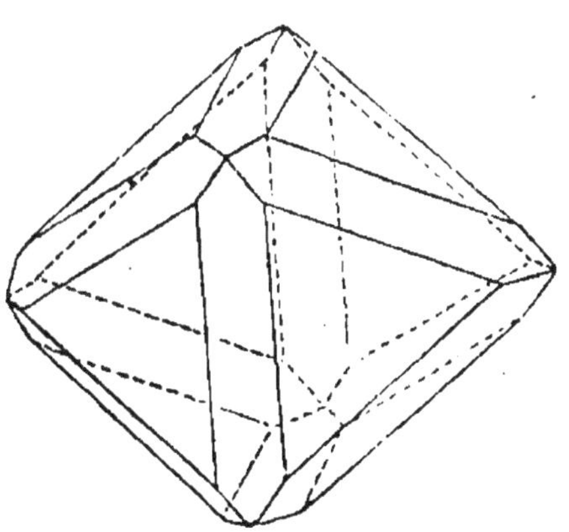

Fig. 59. — Pyrite jaune.

La *pyrrhotine*, ou *pyrite magnétique*, cristallisée assez rarement, et toujours dans le système rhomboédrique, elle possède l'éclat métallique, est jaune de bronze, ou rouge de cuivre et légèrement magnétique, moins dure que la pyrite, fusible et attaquable par l'acide chlorhydrique.

Le *sidérochrome*, ou *fer chromé*, est cubique, présente l'éclat métallique et une coloration noire, assez dur et légèrement magnétique, infusible, et insoluble dans les acides.

La *picotite* est le spinelle (aluminate de magnésium) chromifère.

La *chalcopyrite*, sulfure de cuivre et de fer, cristallisée en prismes quadratiques, opaques, jaunes, parfois irisés, sa dureté est médiocre ; elle est fusible et attaquable par l'acide azotique.

Le *mispickel*, ou *fer arsenical*, arsénio-sulfure de fer, cristallisé en prismes rhomboïdaux droits, ayant l'éclat métallique, la couleur de l'acier, fusible et donnant dans le matras un sublimé rouge de sulfure, puis d'arsenic métallique; l'acide azotique l'attaque facilement.

La *nickéline*, arséniure de nickel, rarement cristallisée, et dans le système rhomboédrique, elle est opaque, avec l'éclat métallique, et la couleur rouge cuivre, elle fond en donnant des vapeurs d'arsenic, elle est attaquée par l'acide azotique.

Pour terminer cette revue des éléments des gîtes minéraux, il faut y ajouter le *charbon*, représenté dans les roches par le *diamant* et le *graphite*, et quelques carbures d'hydrogène se rapprochant du *bitume*.

Il résulte, en somme, de cette étude, que la silice, élément saturé d'oxygène, et réfractaire à toute altération, est l'agent de consolidation par excellence de la croûte terrestre, que le silicium est le corps fondamental du monde minéral, comme le carbone est l'élément primordial du monde organique ; et l'on peut remarquer que ces deux rôles si dissemblables et si importants, sont dévolus à deux corps que la chimie a, depuis longtemps déjà, réunis dans le même groupe naturel.

Éléments des gites minéraux.

Carbonates..	de baryum		*Withérite.*
	de strontium		*Strontianite.*
	de calcium		*Aragonite.* *Calcite.*
	double de calcium et magnésium		*Dolomie.*
	de magnésium		*Giobertite.*
Sulfates.....	de baryum		*Barytine.*
	de strontium		*Célestine.*
	de calcium....	anhydre	*Anhydrite.*
		hydraté	*Gypse.*
Phosphates..	de calcium		*Apatite.* *Phosphorite.*
	d'aluminium...	anhydre	*Amblygonite.*
		hydraté	*Turquoise.*
Sels haloïdes			*Sel gemme.* *Fluorine.* *Cryolithe.*
Minerais....	de fer		*Magnétite.* *Ilménite.* *Pyrite.* *Marcasite.*
	de chrome		*Sidérochrome.*
	de cuivre		*Chalcopyrite.*
	de nickel		*Mispickel.* *Nickéline.*

CHAPITRE III

ROCHES ENDOGÈNES.

Division des roches endogènes. — Nous avons déjà fourni une première classification des roches en les divisant en *endogènes* et *exogènes* (p. 7); les premières vont nous occuper tout d'abord.

Une roche d'origine interne est le produit de solidification d'un magma, ou masse primitivement fluide. Un certain nombre de conditions physiques ont présidé à cette solidification. Il est évident que ces conditions ont pu modifier la forme et peut-être aussi l'espèce des minéraux, mais ces modifications n'ont pu s'exercer, qu'autant que la nature chimique de la masse fluide le permettait. Si donc, on veut donner une classification rationnelle des roches, on est conduit à choisir comme base la composition chimique.

Il est naturel de penser que le magma primitif, de forme sphéroïdale, a dû, puisque rien n'y mettait obstacle, se diviser en couches de densité croissante depuis la surface. L'élément qui a déterminé la plus ou moins grande densité de ces couches est la silice, en s'unissant, pour former des silicates, d'une part avec les métaux légers qui ont formé la surface, et de l'autre avec les métaux lourds pour constituer les couches profondes. Ainsi, on est amené à diviser les roches en deux grands groupes : les roches *légères* et les roches *lourdes*.

Les premières sont caractérisées par la présence de l'acide silicique libre, qui n'apparaît pas dans les secondes. De là le nom de roches *acides* et *basiques* que leur a donné Élie de Beaumont.

MM. de Lapparent et Michel Lévy admettent une troisième division, celle des roches *intermédiaires* que l'on désigne, actuellement, sous le nom de roches *neutres*, qui fait mieux ressortir le principe chimique de la classification (A. de Lapparent).

Roches acides. — Une roche qui, dans sa pâte fondamentale, contient de la silice en excès est *acide*. Il faut, pour cela, que la proportion de silice de la pâte dépasse celle qui convient aux feldspaths les plus acides comme l'albite et l'orthose. La proportion doit être comprise entre 66 p. 100 et 69 p. 100.

Roches basiques. — Lorsque la proportion de silice se rapproche de celle des silicates les plus basiques, c'est-à-dire est comprise entre 40 et 55 p. 100, la roche est *basique*.

Roches neutres. — On désigne sous le nom de *roches neutres*, celles qui contiennent dans leur pâte de 55 à 65 p. 100 de silice.

Les qualifications qui précèdent doivent être appliquées surtout à la pâte des roches. L'expérience apprend que beaucoup de roches, quand elles arrivent au jour, peuvent entraîner avec elles des cristaux tout formés. De la sorte, il est possible qu'un mélange, basique dans l'ensemble, se solidifie en conservant dans sa masse des cristaux d'ancienne formation. Évidemment ces minéraux entraînés ne doivent pas toujours servir à caractériser la roche et c'est, en général, au magma de consolidation, c'est-à-dire à la pâte, qu'il faut avoir égard pour démêler les circonstances de l'épanchement (A. de Lapparent).

Caractères différentiels des roches basiques et acides. — Les roches basiques et les roches acides présentent un caractère bien net de différenciation : c'est leur état d'oxydation.

Dans les roches basiques, on rencontre fréquemment la magnétite, la pyrite, quelquefois du fer natif, du chrome et du nickel, de la chalcopyrite. Ces roches sont le plus fréquemment colorées en noir ou en vert, mais après exposition à l'air leur coloration devient rouge à cause de la peroxydation du fer.

Dans les roches acides, la présence de la magnétite est exceptionnelle, l'oligiste (sesquioxyde de fer anhydre, rhomboédrique) y est au contraire fréquent, il produit la coloration rouge des feldspaths et d'autres éléments. La nuance des roches acides est claire. Elles se sont constituées dans un milieu oxydant, tandis que les roches basiques se formaient dans un milieu réducteur.

Actuellement, aucune influence oxydante, venant du dehors, ne peut se faire sentir, dans l'écorce solide, au delà d'une assez faible profondeur ; et, si réduite qu'on veuille supposer l'épaisseur de l'écorce, elle suffit pour interdire d'aller chercher, dans les phénomènes *actuels* d'oxydation, la cause de l'état des pâtes éruptives acides. Il faut donc admettre que cet état est *primordial ;* c'est-à-dire que la masse silicatée, à laquelle s'alimentent toutes les éruptions, avait acquis sa constitution essentielle avant la formation d'une écorce capable d'empêcher toute communication entre la nappe de scories et l'atmosphère oxydante. Conséquence importante, et confirmant la notion de la fluidité originelle de la Terre (A. de Lapparent).

Texture des roches. — Les conditions dans lesquelles s'est opérée la consolidation de la pâte fluide primitive ont eu une influence considérable sur la manière dont se sont développés les minéraux. Ces conditions se révèlent par le *grain*, ou mieux la *texture* de la roche (de Chancourtois), que l'on envisage, comme indice précieux du mode particulier de solidification.

Dans les laboratoires, on a cherché à réaliser ces conditions et beaucoup de minéraux ont été obtenus au même état cristallin que celui qu'ils offrent dans la nature. Les roches d'origine ignée ont été l'objet de travaux analogues, et on a pu obtenir des variations de texture, qui, comparées aux types naturels, fournissent de bonnes indications. On peut dire que toutes les roches basiques se sont constituées sous la seule influence du refroidissement, et sans l'intervention d'agents minéralisateurs : ceux-ci paraissent avoir présidé à la formation des roches acides (A. Michel Lévy).

Les roches offrent deux états fondamentaux différents : 1° état entièrement cristallin (roches *holocristallines*) ; 2° état amorphe (roches *vitreuses*). Un type intermédiaire ou *hypocristallin* prend place entre les deux : c'est celui où les éléments cristallisés sont associés avec les éléments amorphes. On doit ajouter aussi qu'il n'y a pas de roches exclusivement *vitreuses*; même dans celles que l'on qualifie ainsi, on rencontre toujours des microlithes.

Le groupe des roches vitreuses est bien moins important que les deux autres.

TEXTURE GRANITOÏDE. — La texture *granitoïde* est caractérisée par ce fait que tous les minéraux ont reçu chacun, eu égard à l'espèce, un développement équivalent. Le plus souvent, les cristaux sont reconnaissables à l'œil nu. Il ne faut pas conclure de la définition que les cristaux se sont formés simultanément, mais seulement que la série des formations a été continue.

TEXTURE PORPHYROÏDE. — Ce qui caractérise la texture *porphyroïde,* c'est la dissémination, dans une pâte, de cristaux bien apparents et bien développés. La pâte est elle-même formée par une agglomération de cristaux plus petits et souvent indistincts à l'œil nu. Ces cristaux appartiennent en grande partie aux mêmes espèces que les éléments disséminés. Ceci prouve qu'il y a eu plusieurs phases dans la solidification. Les gros cristaux disséminés correspondent à un premier stade ; puis il s'est produit, dans les conditions extérieures, une modification rapide moins favorable à la cristallisation.

TEXTURE PORPHYRIQUE. — La texture granitoïde étant essentiellement cristalline, se montre exclusivement dans les roches holocristallines ; mais la texture porphyroïde ne leur est pas propre.

La définition donnée des roches hypocristallines montre bien qu'il y a eu plusieurs phases dans leur consolidation, car la partie vitreuse ne peut pas être contemporaine de la partie cristallisée.

Une roche hypocristalline est donc porphyroïde. Il faut adopter deux désignations pour le mode porphyroïde, l'une correspondant à l'état holocristallin, l'autre réservée aux roches hypocristallines.

On réserve le qualificatif de *porphyrique* pour exprimer le premier de ces cas.

L'autre peut présenter des variations exigeant des dénominations spéciales.

L'existence d'une partie vitreuse, dans une roche hypocristalline, est l'indice certain d'une gène apportée à la solidification. Cette gène se révèle de plusieurs manières.

Texture microlithique. — Au lieu d'être développés en tous sens, les cristaux qui composent la pâte peuvent être très petits, et allongés en aiguille dans une direction déterminée : ce sont des microlithes allongés ; aussi donne-t-on le nom de *microlithique* à cette texture.

Texture trachytique. — Lorsque les microlithes ne sont pas soudés entre eux, et noyés dans une masse vitreuse, la roche est rude au toucher, à cause des angles des petits cristaux : cette particularité a fait donner à une texture semblable le nom de *trachytique*.

Texture felsitique. — La gêne apportée à la cristallisation du magma peut encore se traduire par une petitesse extrême des cristaux élémentaires de la pâte, ou par la dissémination de la matière vitreuse. De là, une apparence homogène, que l'on désigne sous le nom de texture *felsitique*.

Texture ophitique. — La texture *ophitique* est, si l'on peut ainsi dire, un intermédiaire entre les textures granitique et porphyroïde. Les cristaux de la pâte s'y montrent de forme normale et de taille appréciable, avec tendance, toutefois, à l'allongement. La pâte qui relie entre eux les éléments feldspathiques ou autres, est un silicate du groupe des pyroxènes ou des amphiboles (A. Michel Lévy).

Les expériences de laboratoire confirment pleinement l'hypothèse de deux stades, ou deux temps de consolidation. MM. Fouqué et Michel Lévy ont reproduit la texture ophitique, à volonté.

La conséquence de ces expériences est qu'il y a eu une différence considérable entre le mode d'éruption des roches granitoïdes et des roches porphyroïdes.

Les premières ont pris naissance à l'abri de toute influence capable de provoquer un changement brusque dans les conditions de leur solidification : elles résultent d'une cristallisation *intracorticale* (de Lapparent).

Les secondes se sont épanchées à la surface, ou leur éruption a exigé deux phases : pendant l'une, les cristaux du premier temps se sont formés; pendant l'autre, la pâte s'est consolidée sous l'influence d'un milieu voisin.

VARIATIONS DU TYPE GRANITOÏDE. — On peut compter trois variétés importantes de la texture granitoïde :

1° *Mode granitique.* — Les minéraux constituants sont largement et également développés. Les cristaux de quartz sont développés en grandes plages, leur orientation est la même sur une surface donnée de la roche et varie progressivement de celle-là à une autre : c'est la texture ou le *mode granitique.*

2° *Mode granulitique.* — Les cristaux de quartz sont isolés, juxtaposés, chacun d'eux a une orientation optique propre : c'est le mode *granulitique* (A. Michel Lévy).

En lumière polarisée, la différence se traduit très brillamment : les cristaux de quartz d'une roche appartenant au mode granitique, ont la même orientation optique, ou du moins cette orientation ne varie que progressivement. Il en résulte que, dans le champ du microscope, les coupes de ces cristaux offrent une même teinte. Dans le mode granulitique, au contraire, l'orientation différant d'un cristal à l'autre, l'aspect chromatique est des plus variables.

3° *Mode pegmatitique.* — Quand les deux principaux éléments prennent une orientation uniforme, on ne voit plus au microscope que deux couleurs s'entre-croisant : c'est la texture *pegmatitique.*

La dimension des cristaux peut varier beaucoup. On distinguait, pendant longtemps, des granites, et des pegmatites à grands éléments, et d'autres dits *euritiques* à éléments presque invisibles à l'œil nu. On désigne, aujourd'hui, ces dernières roches sous le nom de *microgranites*, *micropegmatites* ou *microgranulites.*

Variations de la texture porphyroïde. — Les variations de la texture porphyroïde consistent dans l'état particulier des cristaux de la pâte : celle-ci peut être microgranitique, microgranulitique ou micropegmatitique.

Variations de l'état hypocristallin. — Les différentes textures des roches hypocristallines, exposées précédemment, permettent de distinguer encore quelques subdivisions :

1° Le mode microlithique peut offrir, d'abord, une pâte cristalline et fluidale, c'est le type *pilotaxitique;* ou bien la pâte vitreuse est abondante, c'est le type *hyalopilitique;* ou bien, encore, des microlithes enchevêtrés se montrent, c'est le type *interstitiel.*

2° Le mode felsitique présente deux variétés : La première est caractérisée par le mélange de substance amorphe, et de substance vaguement cristallisée formant des traînées nuageuses. C'est la texture *felsitique proprement dite.* La seconde montre une matière confusément cristallisée, formant les rayons de globules ou *sphérolithes* traversés par des zones de substance amorphe : c'est la texture *sphérolithique.* En lumière polarisée, les globules se montrent traversés par une croix noire dont les bras se déplacent, si l'on fait tourner l'analyseur ou le polariseur. Cette apparence n'a lieu, toutefois, que pour une texture *microsphérolithique.*

Variations de l'état vitreux. — L'état vitreux est susceptible de quatre variations :

1° L'écoulement de la masse vitreuse fondue, s'accuse par une direction que des traînées de microlithes, des zones de coloration, des lignes de granulations, mettent en évidence. C'est la *texture fluidale.*

2° La contraction produite par la consolidation fait naître des fissures en cercles ou en spirales. C'est la *texture perlitique.*

3° Des cristallites apparaissent, et dévitrifient la pâte. C'est la *texture cristallitique.*

4° Des cristaux nets, de forme et de dimensions appréciables, se montrent dans le verre. Cette texture est dite *vitro-porphyrique.*

Il faut faire observer maintenant, que dans une seule roche plusieurs variétés de texture peuvent se rencontrer, et que l'association d'un petit nombre de minéraux rend ainsi très divers les types lithologiques.

Dans les chapitres qui vont suivre, on décrira les roches les plus importantes, en adoptant les trois grandes divisions en roches acides, neutres et basiques. Dans chacune de ces divisions, on examinera successivement les roches holocristallines, hypocristallines et vitreuses, en faisant rentrer le type et le mode de texture de chaque espèce dans un de ceux qu'indique le tableau suivant :

Texture des roches.

Roches holocristallines..	Granitoïde....	Acides....	Granitiqne.
			Granulitique.
			Pegmatitique.
		Neutres...	Microgranitique.
		Basiques..	Ophitique.
	Porphyrique ..	Acides....	Microgranulitique.
		Neutres...	Microgranulitique.
Roches hypocristallines..	Porphyroïde...	Acides....	Felsitique.
			Trachytique.
			Vitroporphyrique.
		Neutres...	Microlithique.
		Basiques..	Microlithique.
Roches vitreuses.	Vitreux.......	Acides....	Perlitique.
			Cristallitique.
		Neutres...	Vitroporphyrique.
		Basiques..	Microlithique.
			Cristallitique.

CHAPITRE IV

ROCHES ACIDES.

Roches holocristallines du type granitoïde. — Les roches holocristallines se rapportant au type granitoïde sont assez nombreuses. Elles sont caractérisées par ce fait que tous les cristaux ont reçu chacun un développement équivalent, eu égard à leur espèce.

Granite. — Le *granite*, ou la *granitite*, est un agrégat de cristaux définis, appartenant aux quartz, feldspath et mica, associés suivant le *mode granitique* (fig. 60).

Le *quartz* y apparait à l'œil nu sous forme de

traînées vitreuses, souvent enfumées. Au microscope il se montre comme moulé sur les autres éléments, ce qui indique qu'il s'est consolidé le dernier.

L'*orthose* est le feldspath dominant, il renferme

Fig. 60. — Granite des Vosges (d'après Velain). — 1, zircon. — 2, mica. — 3, oligoclase. — 4, 5, orthose. — 6, quartz.

des inclusions d'oligiste, qui lui communiquent, fréquemment, une teinte rose clair. Les cristaux en sont souvent maclés. Un *plagioclase* lui est associé, c'est, en général, l'*oligoclase*. L'altération des feldspaths produit du *kaolin*, du *mica blanc*; et la *chaux*, mise en liberté par la décomposition de l'*oligoclase*, donne naissance à de l'*épidote* et même parfois à de la *calcite*. L'orthose se montre ordinairement comme enveloppant le plagioclase et, par suite, comme plus récent.

Le *mica*, qui semble plus ancien que le feldspath, apparaît en paillettes hexagonales noires, ou d'un brun foncé. C'est presque exclusivement de la *biotite*. On y rencontre, parfois, des inclusions d'*oligiste*, de *magnétite*, de *zircon*, et d'*apatite*. L'altération du mica produit de la *chlorite*.

Le *sphène* se rencontre fréquemment dans le granite, il s'y montre comme consolidé postérieurement aux oxydes de fer, mais antérieurement au mica.

Les inclusions liquides abondent dans le quartz des granites. Le liquide en est de l'eau pure, une solution saline, ou un gaz condensé, qui peut être de l'anhydride carbonique.

Les inclusions vitreuses font défaut. Le granite dit de Vire, que l'on exploite dans le Calvados, l'Ille-et-Vilaine, et le Cotentin, ceux de Limoges, et de Guéret, les granites de Remiremont (Vosges) et de Manzat (Puy-de-Dôme) sont les meilleurs types.

Composition du granite.

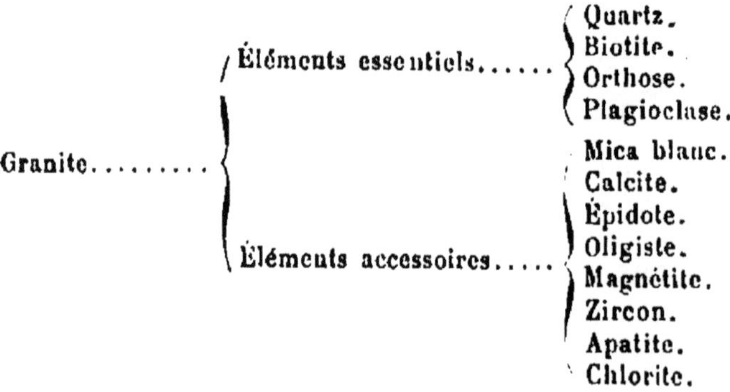

On trouve, parfois, des granites dans lesquels

l'élément feldspathique se montre en grands cristaux, faisant, pour ainsi dire, saillie sur le reste de la pâte; on les nomme *granites porphyroïdes*. Tels sont le granite de Cherbourg, de Rostrenen (Côtes-du-Nord), et de Saint-Quentin (Puy-de-Dôme).

On rencontre aussi des granites à éléments assez petits pour que la loupe soit nécessaire à leur détermination : ce sont les *microgranites*, ou *granites euritiques*.

Lorsque la *hornblende* vient se substituer au *mica*, on se trouve en présence d'un *granite à amphibole*, dit aussi *granite égyptien* ou *syénite;* on conserve toutefois ce dernier nom pour une roche neutre très importante (voy. *Roches neutres*, chap. V). Ce granite à amphibole est plus basique que le granite ordinaire; l'*orthose* y fait place à l'*oligoclase*, le *quartz* y diminue; c'est à ce type qu'appartient le granite des Vosges dit *feuille-morte*.

La *Vaugnérite* est un granite à amphibole, des environs de Lyon (Lacroix et A. Michel Lévy).

Variétés du granite.

Granite.	Grands cristaux de feldspath tranchant sur la pâte.............	Granite porphyroïde.
	Cristaux discernables seulement à la loupe....................	Granite euritique.
	Hornblende se substituant au mica....................	Granite amphibolique.
	Oligoclase plus abondant que l'orthose.....................	Feuille-morte.

GRANITE A MICA BLANC. — Dans ce granite, qui montre une forme de passage entre le *mode granitique* et le *mode granulitique*, le quartz se rassemble en grains au milieu du feldspath, celui-ci se décompose en kaolin; un mica blanc brillant (*muscovite*) s'y montre très abondant. On donne tantôt à cette espèce le nom de *granite à étain*, parce qu'il est le siège des gisements stannifères, tantôt le nom de *pegmatite*. Sous le microscope polarisant, il se montre comme appartenant au mode granulitique. L'oligoclase y est peu abondant, et, en tout cas, moins que dans les granites ordinaires. Les principaux minéraux qu'on y distingue sont décomposables en deux groupes : les éléments de première consolidation : *mica noir*, *orthose*, *quartz*, *oligoclase*; et ceux de deuxième consolidation : *orthose*, *microcline*, *albite*, *quartz*, et *mica blanc*.

Le quartz de première consolidation est bipyramidé ; le quartz de seconde consolidation, globuleux.

On y rencontre, accessoirement, et parmi les éléments de première consolidation, la *tourmaline*, le *zircon*, le *grenat*, l'*émeraude*, la *topaze*, la *magnétite* et l'*apatite*.

Cette variété de granite est répandue dans la Creuse, la Haute-Vienne, la Corrèze, le Limousin. On en trouve des filons dans le Cotentin ; elle constitue le rocher du Mont-Saint-Michel.

Granite à mica blanc.

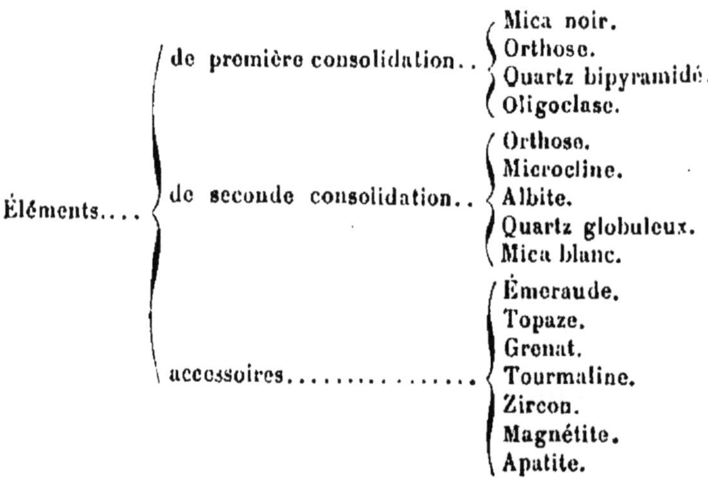

Éléments....	de première consolidation..	Mica noir. Orthose. Quartz bipyramidé. Oligoclase.
	de seconde consolidation..	Orthose. Microcline. Albite. Quartz globuleux. Mica blanc.
	accessoires...............	Émeraude. Topaze. Grenat. Tourmaline. Zircon. Magnétite. Apatite.

GRANULITE. — La *granulite* est une variété de

Fig. 61. — Granulite de la Guyane (d'après Vélain). — 11, mica noir — 6, orthose. — 7, microcline. — 9, oligoclase. — 10, mica blanc. — 2, quartz.

granite à mica blanc, mais qui appartient franchement au *mode granulitique* (fig. 61). La texture en est plus fine que celle du granite à mica blanc. A l'œil nu, elle semble composée de feldspath et de quartz, sans mica. Cependant le quartz microscopique y est très fréquent, ainsi que le mica blanc.

Les types de granulite s'observent dans le Morvan, et dans le Puy-de-Dôme, à Pontgibaud.

L'alignement des feuillets du mica donne souvent à la granulite (et parfois au granite aussi) une texture rubanée remarquable. Les *gneiss rouges* du Morvan appartiennent à cette catégorie, ou plutôt, ils sont le résultat d'une injection de granulite dans un gneiss ancien (A. Michel Lévy).

Protogine. — La protogine est une roche très répandue dans les Alpes, où elle forme le massif du mont Blanc, et dans le Dauphiné, où elle constitue toutes les montagnes de l'Oisans. Le quartz y est franchement granulitique, seulement le mica noir s'y est décomposé et forme de la *chlorite ;* dans certaines variétés, le mica blanc est très abondant. On peut définir la protogine, une *granulite chloriteuse* (A. Michel Lévy).

A la suite des granulites, il convient de citer les *microgranulites* (fig. 62), roches saccharoïdes, dans lesquelles le quartz apparaît en grains très fins.

Enfin on décrit sous le nom de *grano-liparites*, des roches plus récentes que les vrais granites et qui se rapprochent des *trachytes* (voy. *Roches neutres*, chap. V) par la présence de la *sanidine*, et par leur texture microgranulitique (Vélain et A. Michel Lévy). On les rencontre à l'île d'Elbe, et en Algérie.

Pegmatite. — La *pegmatite* est une granulite caractérisée par ce fait que le quartz et le feldspath sont cristallisés l'un dans l'autre, et orientés uniformément sur d'assez grandes étendues (1). Le *mica blanc* s'y concentre, par places, en grandes

Fig. 62. — Microgranulite des Vosges (d'après Vélain). — 1, mica noir avec inclusion d'apatite. — 2, quartz bipyramidé. — 3, orthose. — 4, oligoclase. — 5, quartz et orthose en association microgranulitique. — 6, micropegmatoïde.

lames hexagonales. Le *microcline* y prédomine souvent sur l'*orthose* (fig. 63).

La pegmatite est fréquemment creusée de cavités

(1) Précédemment (p. 92) on a déjà signalé ce fait, comme caractérisant le mode pegmatitique.

ou *druses*, sur les parois desquelles on peut observer de beaux cristaux d'orthose, d'albite, de quartz, de tourmaline, de topaze et parfois d'émeraude.

De bons exemples de pegmatite se trouvent dans

Fig. 63. — Pegmatite des Vosges (d'après Vélain). — 1, microcline. — 2, quartz pegmatoïde.

le Puy-de-Dôme et dans les Pyrénées, à Bagnères-de Luchon.

Sous le nom de *pegmatite graphique*, on désigne une variété dans laquelle de petits cristaux de quartz apparaissent sur les faces de clivage de l'orthose, sous forme de coins et simulant, ainsi, des caractères cunéiformes.

Fig. 64. — Micropegmatite de Sibérie (d'après Vélain). — 1, mica noir. — 2, orthose. — 3, oligoclase. — 4, quartz. — 5, micropegmatite. — 6, quartz granulitique.

MICROPEGMATITE. — Dans cette roche, qui a l'apparence d'un granite à fine texture, les éléments feldspathiques sont entourés d'une sorte de pâte grise ou rouge, que le microscope ramène au type pegmatique (fig. 64).

Roches holocristallines du type porphyroïde. — La combinaison de la texture porphyroïde avec une pâte holocristalline donne naissance à des roches autrefois désignées sous le nom de *porphyres quartzifères.* La cassure brillante et vitreuse du quartz caractérise ces roches, qui ont, le plus souvent, une coloration rougeâtre. La pâte qui enveloppe les cristaux est granulitique ; aussi désigne-t-on ces roches sous le nom de *microgranulites* (A. Michel Lévy). Mais comme ce terme a été déjà employé, on adopte, pour éviter toute confusion, celui de *granophyres* (de Lapparent).

Elvan. — L'*elvan* est un porphyre quartzifère abondant en Cornouailles. C'est une granulite qui a pris la texture porphyrique. Des cristaux hexagonaux de quartz et de mica noir s'y trouvent perdus dans une pâte *microgranulitique* d'orthose, de quartz et de mica blanc. Cette pâte est, parfois, à éléments si fins, qu'elle a un aspect *corné* que le microscope ramène au mode *microgranulitique.*

En France, l'elvan se trouve dans les filons stannifères du Limousin. On peut distinguer là toutes sortes de passages entre le granite à mica blanc et l'elvan.

Granitophyre. — On décrit sous ce nom le *porphyre granitoïde.* C'est une roche qui semble un granite à grains fins ; sa pâte, examinée à la loupe, montre de grands cristaux de feldspath, qui lui donnent la texture porphyroïde (fig. 65).

Les principaux éléments de première consolidation sont : le *mica noir*, l'*orthose* ou l'*oligoclase*, la *chlorite*, l'*amphibole.*

Ceux de deuxième consolidation sont le *feldspath* et le *quartz.*

La pâte est microgranulitique ou micropegmatique.

Fig. 65. — Granitophyre (d'après Vélain). — 1, tourmaline. — 2, apatite dans le mica noir. — 3, mica noir. — 4, oligoclase. — 5, orthose. — 6, microcline avec filonnets d'albite. — 7, quartz granulitique. — 8, mica blanc.

Le quartz des granitophyres renferme des inclusions liquides à libelle, et contenant parfois des petits cristaux.

Granitophyre.

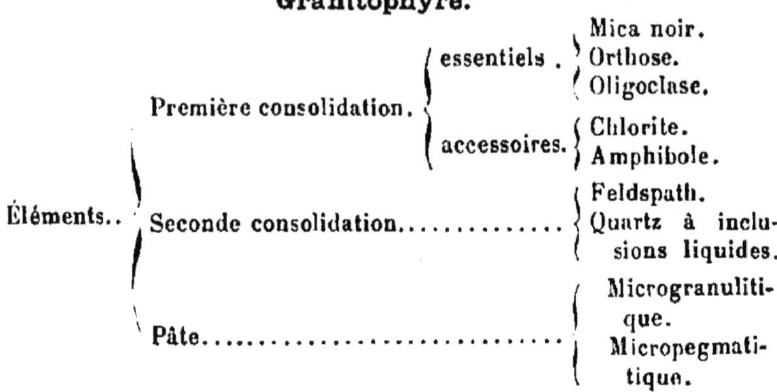

Éléments..	Première consolidation.	essentiels .	Mica noir. Orthose. Oligoclase.
		accessoires.	Chlorite. Amphibole.
	Seconde consolidation.............		Feldspath. Quartz à inclusions liquides.
	Pâte..........................		Microgranulitique. Micropegmatitique.

On peut observer ces roches à Rochesson, et à Saint-Amé (Vosges), à Urphé (Loire), où la pâte est une véritable micropegmatite graphique; à Crochat, près de Limoges. Le quartz des roches de Crochat est particulièrement riche en inclusions liquides, incolores, à bulle mobile, et renfermant parfois de petits cristaux.

Granulophyres. — La pâte de ces granophyres est cristalline, et ne se résout qu'avec le microscope. On peut s'assurer ainsi qu'elle est *microgranulitique*, de là le nom de *porphyres microgranulitiques* qu'on peut leur donner.

Les éléments de première consolidation sont :

Le *feldspath* en grands cristaux maclés, le *quartz* en gros grains, et accessoirement la *chlorite* et l'*amphibole*. La pâte renferme en abondance du quartz en petits grains à texture granulitique. Les produits d'oxydation du fer colorent souvent la pâte en rouge ou en vert.

Les porphyres du Morvan, de Saint-Maurice (Loire), de Sillé-le-Guillaume (Sarthe), sont des granulophyres très caractéristiques.

Roches hypocristallines. — La forme de passage entre les roches holocristallines et les roches hypocristallines est réalisée par les *felsophyres*.

Felsophyres. — Dans ces roches, la pâte amorphe existe à côté d'éléments cristallins prédominants.

Cette matière amorphe se montre parfois, au milieu d'une pâte microgranulitique, par l'apparition des sphérolithes à croix noire dont il a déjà été question (1). D'autres fois, elle forme des traînées (2) qui ont les propriétés optiques d'une calcédoine mélangée d'opale. La composition de ces éléments amorphes est celle de roches auxquelles on donne le nom de *pétrosilex*.

Un caractère important des felsophyres est la disparition des inclusions liquides du quartz et l'apparition d'inclusions vitreuses.

On décrit trois types de felsophyres :

Sphérophyre. — Les sphérolithes de cette roche sont formées de quartz et de calcédoine ; la pâte renferme, en dehors des globules, une notable quantité de matière amorphe.

On donne aussi au sphérophyre le nom de *porphyre globulaire*, ou encore d'*eurite*, à cause de la finesse de son grain.

Pyroméride. — Dans la *pyroméride*, la pâte possède la *texture perlitique*, et prédomine sur l'élément cristallin plus que dans l'eurite. L'élément amorphe offre de gros sphérolithes présentant, visible à l'œil nu, une double disposition en houppes radiales et en zones concentriques ; entre deux zones, on observe un filet de calcédoine et, entre les sphérolithes, des concrétions d'agate (fig. 66).

(1) Ces sphérolithes caractérisent la texture felsitique.

(2) Ce caractère a été au chapitre III, donné comme typique de la texture sphérolithique.

Porphyre pétrosiliceux. — Les porphyres pétrosiliceux ont, au toucher, une rudesse qui indique une tendance vers la texture trachytique. La pâte est formée de matière amorphe à texture fluidale, dans laquelle

Fig. 66. — Pyroméride du Var (d'après Vélain). — 1, sphérolithes à croix noire. — 2, magma pétrosiliceux. — 3, quartz grenu. — 4, veinules de calcédoine et d'opale.

les sphérolithes à croix noire sont abondants. Les cristaux sont du quartz bipyramidé, de l'orthose, du mica noir, et de l'amphibole (fig. 67). Les inclusions vitreuses sont assez fréquentes dans le quartz, mais les inclusions liquides deviennent rares.

LIPAROPHYRES. — Ces roches diffèrent des felso-

Fig. 67. — Porphyre pétrosiliceux vu au microscope polarisant montrant des corrosions caractéristiques des quartz anciens (d'après Vélain).

phyres par le développement des sphérolithes, le caractère vitreux du feldspath, et les inclusions du quartz. La pâte, rude au toucher, les rapproche de la *texture trachytique*. On les désigne quelquefois sous le nom de *rhyolites*.

La pâte est en majeure partie amorphe, avec des traînées pétrosiliceuses, et des sphérolithes à croix noire. L'*orthose vitreux* prédomine ; le *mica noir*, l'*oligoclase*, l'*amphibole*, s'y trouvent en petites quantités ; le *pyroxène*, le *sphène*, l'*apatite*, la *magnétite*, s'y rencontrent accessoirement.

Les liparophyres sont fréquemment remplies de géodes aux parois recouvertes de quartz, d'améthyste ou de calcédoine. Dans la pâte, la tridymite et l'opale se développent quelquefois.

La *sanidophyre* est une liparophyre du Mont-Dore, où de grands cristaux d'orthose vitreux (*sanidine*) sont noyés dans une pâte verdâtre.

Les liparophyres sont très abondantes aux îles Lipari, d'où le nom de *liparites* qu'on leur donne aussi ; elles se rencontrent encore, en Hongrie, en Islande, au Caucase.

En Hongrie, notamment, elles sont parsemées de cavités, dites *lithophyses*, tapissées de cristaux, parmi lesquels on trouve quelquefois des grenats et de la topaze. Ce fait semble indiquer que des vapeurs d'une certaine activité chimique, ont accompagné l'épanchement des liparophyres.

Felsophyres.

Pâte amorphe contenant un nombre d'éléments cristallins. Sphérolithes abondants.	Sphérolithes de quartz et de calcédoine. Pâte en grande partie amorphe..........	Sphérophyre ou Eurite.
	Sphérolithes en houppes radiales et en zones concentriques. Pâte perlitique..	Pyroméride.
	Sphérolithes à croix noire. Pâte fluidale. Cristaux de quartz bipyramidé, d'orthose, de biotite et d'amphibole. Inclusions vitreuses fréquentes...........	Porphyre pétrosiliceux.

Roches vitreuses. — Dans la classe des roches acides, le type vitreux est surtout représenté par le *pechstein*.

PECHSTEIN. — Le pechstein ou *rétinite* est un verre naturel hydraté, dans lequel on observe : la *sanidine*, un *plagioclase*, le *quartz*, le *mica*, la *magnétite*.

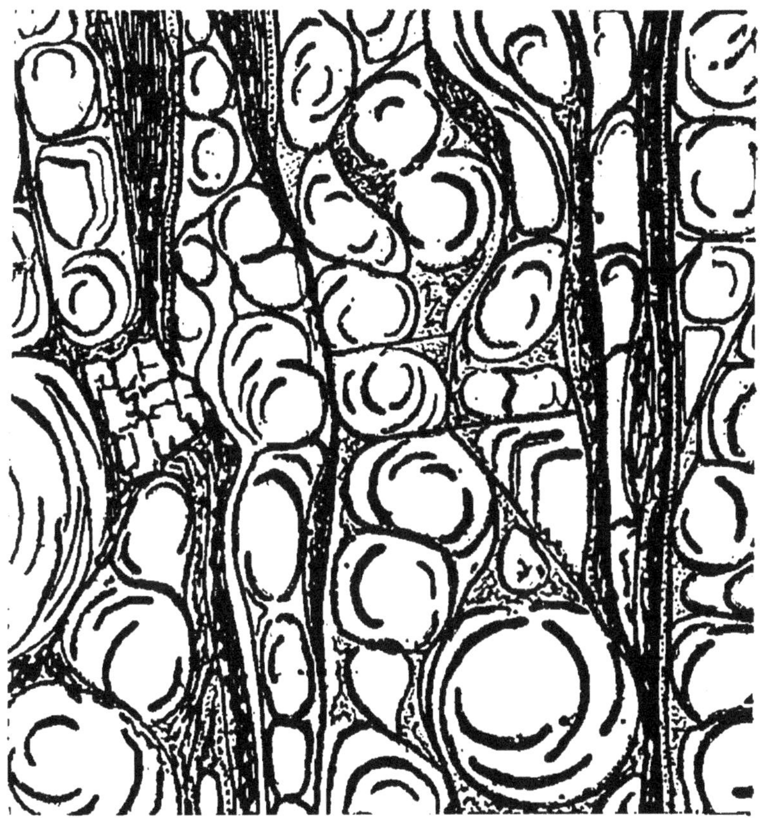

Fig. 68. — Pechstein perlitique du Var (d'après Vélain). — Orthose vitreux enveloppé dans les bandes fluidales.

La pâte, vitreuse, montre la *texture fluidale* avec des traînées pétrosiliceuses, et aussi la *texture perlitique* qui ne se développe bien qu'en l'absence de cristaux anciens. En outre, elle contient des cristallites visibles sous de très forts grossissements (fig 68).

Lorsque dans la pâte d'un pechstein s'introduisent de gros cristaux bien nets, on donne à la roche le nom de *vitrophyre*. D'ailleurs, entre le pechstein et le vitrophyre, les formes de passage abondent.

Les pechsteins du Mont-Dore et du Cantal sont verts, ou bruns, et souvent transparents ; ceux de l'île d'Arran (côte occidentale de l'Écosse) sont remarquables par la présence de microlithes d'augite disposés en forme de feuille de fougère.

PERLITES. — Ce sont des pechsteins offrant la *texture perlitique*, la pâte présente des microlithes, et des traînées pétrosiliceuses. On les trouve au Mont-Dore, en Hongrie, etc.

OBSIDIENNE. — Les obsidiennes sont des verres naturels, anhydres. Leur couleur dominante est le noir ; cependant, on en rencontre de rouges. La dévitrification s'effectue au moyen de trichites et de cristallites ; il s'y développe aussi des sphérolithes. Certaines variétés deviennent pierreuses et sont parsemées de lithophyses aux parois incrustées de cristaux de quartz, de tridymite, de feldspath et de magnétite. La formation de ces minéraux résulterait de l'action exercée pendant la solidification, par le verre lui-même, sur les vapeurs qui se dégageaient du verre (Iddings). C'est là, semble-t-il, une preuve de plus à l'appui du rôle qui a été dévolu aux dissolvants pendant les épanchements des roches acides.

PONCE. — La *ponce* est une obsidienne dans laquelle le dégagement de gaz a creusé assez de pores, pour faire naître une consistance spongieuse.

Pour distinguer les ponces, les obsidiennes et rétinites acides d'autres roches analogues, mais moins riches en silice, et dont les unes sont neutres et les autres acides, on peut adopter les noms de *liparoponces*, *liparobsidiennes* et *liparorétinites*.

Roches acides.

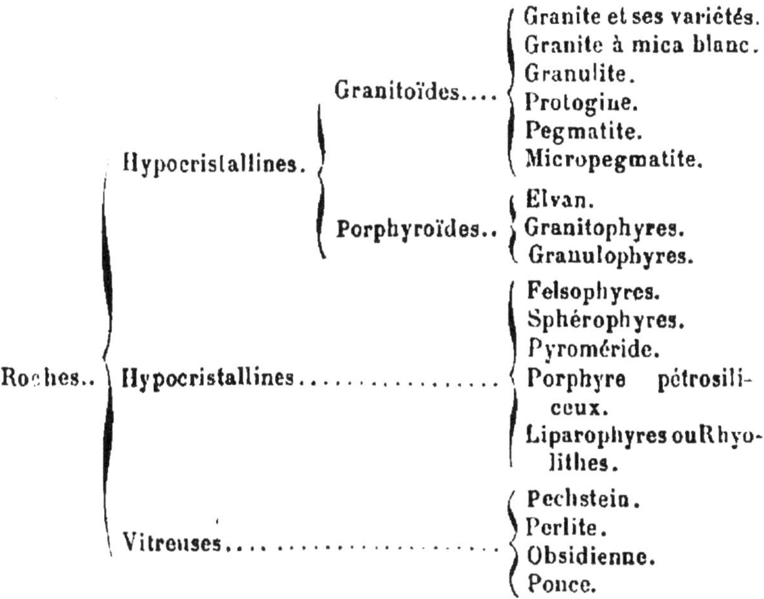

- Roches..
  - Hypocristallines.
    - Granitoïdes....
      - Granite et ses variétés.
      - Granite à mica blanc.
      - Granulite.
      - Protogine.
      - Pegmatite.
      - Micropegmatite.
    - Porphyroïdes..
      - Elvan.
      - Granitophyres.
      - Granulophyres.
  - Hypocristallines.................
    - Felsophyres.
    - Sphérophyres.
    - Pyroméride.
    - Porphyre pétrosiliceux.
    - Liparophyres ou Rhyolithes.
  - Vitreuses........................
    - Pechstein.
    - Perlite.
    - Obsidienne.
    - Ponce.

CHAPITRE V

ROCHES NEUTRES.

Dans le groupe des roches neutres, il faut distinguer trois familles, suivant que l'élément qui domine dans la pâte est l'orthose, un plagioclase ou la néphéline (éléolite).

La première famille a pour type la *syénite*, ce sera la famille *syénitique*.

La seconde renferme surtout les roches connues sous le nom d'*andésites*, ce sera la famille *andésitique*.

La prédominance de l'*éléolite* dans la pâte des roches de la troisième famille lui a fait donner le nom de famille *éléolitique* (A. Michel Lévy).

Roches holocristallines du type granitoïde. — A. Famille syénitique. — Le type de cette famille, la *syénite* (fig. 69), appartient au *type granitoïde;* c'est,

Fig. 69. — Syénite des Vosges (d'après Vélain). — 1, apatite. — 2, sphène. — 3, mica noir. — 4, hornblende. — 5, oligoclase. — 6 et 7, orthose.

en somme, un granite sans quartz, dont les éléments fondamentaux sont l'*orthose* et la *biotite*. On y rencontre aussi normalement, l'*augite* et la *hornblende*. Parfois même, celle-ci l'emporte sur la biotite, de sorte que l'on peut distinguer des *syénites* à *mica noir* et des *syénites à amphibole*. Dans les deux espèces, on trouve assez ordinairement du *sphène* et de l'*oligoclase*.

On trouve des syénites typiques à Plauen (Saxe) et à Biella (Piémont).

Dans certaines syénites, l'amphibole est transformée en *épidote*, et ce phénomène s'accompagne de l'apparition de *quartz* et de *calcite*.

Ortholite. — La syénite correspond au granite et aux granulites; l'*ortholite* ou *minette* correspond aux porphyres granitoïdes.

C'est une syénite où le mica abonde : le microscope la montre comme formée de mica brun et d'orthose; elle contient aussi constamment de la magnétite et de l'apatite, ainsi que de la pyrite et de l'oligiste.

Le type normal de l'ortholite se rencontre à Framont (Vosges).

Quelques roches de cette espèce, dans lesquelles la hornblende remplace le mica, ont reçu le nom d'*ortholites amphiboliques*; dans d'autres, apparaît l'augite qui se change parfois en chlorite.

B. Famille andésitique. — Le type granitoïde de la famille andésitique résulte de l'association du *plagioclase* et de l'*amphibole*.

En général ce type est pauvre en silice et constitue une roche basique, la *diorite*. Il existe, toutefois, des *diorites quartzifères* qui prennent place dans la famille andésitique des roches holocristallines granitoïdes.

Le plagioclase est représenté, dans cette roche, par l'*oligoclase*, qui se montre en grands cristaux séparés par du *quartz* et de l'*amphibole*. Souvent aussi on y observe le *zircon* et le *sphène*.

Les diorites quartzifères se trouvent aux environs de Saint-Brieuc; à la falaise des Sables-Blancs près de Concarneau (Ch. Barrois).

Kersantite. — L'union d'un mica magnésien et d'un plagioclase donne un second type de roche granitoïde andésitique, c'est la *kersantite* ou *kersanton*.

Le *mica noir* y est très abondant ; l'*oligoclase* et l'*apatite* s'y montrent soudés par une pâte formée de cristaux allongés d'oligoclase. Les éléments accessoires sont l'*orthose*, le *pyroxène* et l'*amphibole*, le *quartz granulitique*, la *chlorite* et la *calcite*. Ces derniers sont, sans doute, des produits de métamorphisme.

Le quartz forme parfois dans la kersantite des micropegmatites nettement caractérisées (A. Michel Lévy et Douvillé). On peut, en ce cas, la considérer comme un granitophyre chargé de mica, et qui a emprunté de la calcite aux roches environnantes.

La kersantite typique existe en Bretagne, aux environs de Brest ; on en trouve des affleurements à Daoulas, à Kerziou (Finistère) et dans les Vosges, à Sainte-Marie-aux-Mines.

C. Famille éléolitique. — Le type granitoïde de cette famille est la *syénite zirconienne* de Norvège, que l'on désigne sous le nom de *syénite éléolitique*.

Les minéraux essentiels de cette roche sont : l'*orthose*, l'*anorthose*, l'*albite*, l'*éléolite* (néphéline à éclat gras) et un silico-chlorure d'aluminium et de sodium, la *sodalite*, qui semble avoir dissous et corrodé les autres éléments (Fouqué et A. Michel Lévy). On y rencontre aussi le *zircon*, la *biotite*, la *hornblende*, l'*augite*, l'*œgirine*, un peu de *quartz* et le *sphène* en abondance.

Ce qui rend cette syénite particulièrement intéressante, c'est le nombre de silicates de métaux rares qu'elle contient : silicate d'yttrium, de tantale, de cérium, de thorium.

Roches holocristallines du type porphyroïde. — **A. Famille syénitique.** — Le type porphyroïde de la famille syénitique est représenté par des roches dont la pâte est microgranulitique, et dans laquelle dominent le *pyroxène*, l'*amphibole* et le *mica*, associés à une pâte d'*oligoclase*, d'*orthose* et de *quartz* plus ou moins abondants. Ces roches sont connues sous le nom de *microgranulites basiques* (A. Michel Lévy).

B. Famille andésitique. — Dacite. — La dacite appartient, de très près, à la famille des roches hypocristallines décrites sous le nom d'*andésite*. Elle est quartzifère, et s'en éloigne comme la diorite quartzifère s'éloigne des diorites basiques. Normalement, la dacite contient des cristaux de *mica noir*, d'*amphibole* ou de *pyroxène*, de *plagioclase* et de *quartz bipyramidé*. Ces cristaux anciens sont environnés d'une pâte de microlithes d'oligoclase, avec traînées pétrosiliceuses et sphérolithes. Au milieu de cette pâte, se sont développés des cristaux plus récents d'opale, de tridymite et de chlorite.

Certaines dacites offrent l'aspect des porphyres quartzifères. Leur pâte, microcristalline, montre des restes de matière amorphe. Elles forment le passage des roches neutres aux roches acides.

La roche de l'Esterel connue sous le nom de *porphyre bleu* de Saint-Raphaël est une dacite holocristalline et microgranulitique. Les microlithes de la pâte sont formés d'une notable proportion d'orthose. On y rencontre aussi de gros cristaux de feldspath et des noyaux de quartz.

C. Famille éléolitique. — Il n'existe pas de roche connue du type holocristallin et porphyroïde entrant dans la famille éléolitique.

Roches neutres holocristallines.

Granitoïdes....	Syénitiques.....	Syénite. Ortholite.
	Andésitiques.....	Diorites quartzifères. Kersantite.
	Éléolitiques.....	Syénite eléolitique.
Porphyroïdes..	Syénitiques.....	Microgranulites basiques.
	Andésitiques....	Dacites.

Roches hypocristallines. — A. Famille syénitique. — On donne au type porphyroïde des syénites le nom d'*orthophyre*, en raison de la prédominance du feldspath *orthose* dans la pâte.

Les minéraux constitutifs des orthophyres sont ceux des syénites zirconiennes et des ortholites. La pâte, microcristalline, contient, parfois, des grains de quartz (*porphyres noirs du Morvan*).

Les *porphyres bruns des Vosges* renferment encore des cristaux d'orthose et de hornblende, le quartz de la pâte est riche en inclusions liquides.

Le trait essentiel de la composition des orthophyres est la prédominance du feldspath dans les cristaux nets et bien formés, ainsi que dans la pâte holocristalline. Celle-ci peut prendre, toutefois, une apparence fluidale, due à l'alignement des microlithes de feldspath.

Chez un certain nombre d'orthophyres, cette pâte est nettement microgranulitique. Ce sont ceux où dominent les cristaux de pyroxène, d'amphibole et de mica noir, agglomérés dans une pâte formée d'orthose et d'oligoclase, avec une assez notable proportion de quartz.

On divise les orthophyres en quatre groupes, suivant que dominent la *biotite*, la *hornblende*, le *quartz* ou l'*augite*.

Une cinquième variété, qui se rencontre en Norvège,

est le *Rhombenporphyre,* orthophyre à pâte brune, holocristalline, d'apparence compacte, et sur laquelle font saillie des cristaux d'anorthose, renfermant des inclusions d'augite, de péridot et d'apatite.

Trachytes. — Les trachytes sont des roches volcaniques, caractérisées par leur constitution caverneuse. Les pointes des microlithes font saillie sur les parois des éléments constituants, de là une certaine rudesse au toucher.

Ces microlithes sont feldspathiques ou amphiboliques, et accompagnés d'une certaine quantité de matière amorphe.

Le nom de *trachyte* était donné, autrefois, à toute une série de roches dont le terme basique était les basaltes. Le nom n'est conservé, actuellement, que pour les types dans lesquels domine l'orthose.

Ce feldspath se montre, le plus souvent, sous sa forme vitreuse, la *sanidine.* La tridymite est aussi un élément très fréquent dans la pâte (la tridymite a la densité du quartz fondu).

Les trachytes ont une consistance généralement poreuse, et les vacuoles en sont remplies de cristaux d'opale et de tridymite. Certains trachytes rencontrés au Mexique, renferment des cristaux de topaze, ce qui vient à l'appui de la théorie émise, précédemment, sur le rôle des dissolvants dans l'épanchement des roches.

La pâte d'un trachyte est microlithique et caverneuse, on y trouve disséminés, des cristaux de sanidine, de plagioclase, de hornblende, de mica noir et de pyroxène. La sanidine y est riche en inclusions vitreuses et pauvre en inclusions liquides.

On rencontre communément des trachytes, au pic du Sancy, au Plomb du Cantal, etc.

Domite. — La Domite, qui forme en Auvergne le Puy de Dôme, est un trachyte rempli de lamelles de tridymite. Les microlithes de la pâte sont de l'*amphi-*

bole, du *pyroxène*, du *sphène*, de la *magnétite* et de l'*apatite*. Dans cette pâte, se trouvent disséminés des cristaux de *sanidine*, de *plagioclase*, d'*hornblende*, de *biotite*, de *magnétite*. La matière amorphe abonde. La domite est très répandue en Auvergne ; on l'a retrouvée dans l'île de Ténériffe, au pied du pic de Teyde.

B. Famille andésitique. — Les roches porphyroïdes neutres de la famille andésitique, sont les *porphyrites*.

Porphyrites. — Dans ces roches, l'élément amorphe et la texture fluidale s'accentuent. Elles sont constituées essentiellement de *plagioclase* et de *hornblende*, ce minéral pouvant être remplacé par de la *biotite* ou du *pyroxène*. Le quartz y apparaît quelquefois, et les microlithes de la pâte semblent être de l'orthose.

Il faut ranger dans les porphyrites le *porphyre rouge antique*. La pâte en est rouge vif et sur elle se détachent de beaux prismes de hornblende, des cristaux d'apatite et de plagioclase. Ce dernier est transformé en un produit d'altération rouge en lumière naturelle, et qui semble être de l'épidote.

Le gisement de ce porphyre est au Djebel Dakhan (Égypte).

Certaines porphyrites des Vosges renferment de la biotite à la place d'hornblende. De la même manière se sont formées des *porphyrites à pyroxène* et des *porphyrites à enstatite*.

Les *porphyrites micacées*, qui sont très abondantes, rentrent presque toutes dans la série des roches basiques ; un petit nombre, chez lesquelles le feldspath prédomine, rentrent dans la série neutre.

Andésites. — Les andésites sont des roches trachytiques, dans lesquelles domine le plagioclase.

Le feldspath a été considéré, tantôt comme un produit d'altération de l'oligoclase, tantôt comme une espèce particulière, l'*andésine*.

Dans les andésites, rentrent beaucoup des roches qu'on nommait autrefois des trachytes.

L'andésite riche, en quartz, est une roche holocristalline porphyroïde, la *dacite* (Voyez p. 117).

Les caractères des véritables andésites sont les suivants : 1° des cristaux de *plagioclase* avec inclusions vitreuses de *biotite*, d'*amphibole* et du *pyroxène* ; 2° une pâte formée de microlithes feldspathiques, parfois augitiques, avec apatite et magnétite environnant ces cristaux.

De nombreux éléments accessoires viennent s'y ajouter, ce sont : le *sphène*, le *péridot*, le *zircon*, le *grenat*, la *tridymite*, la *cordiérite*, l'*haüyne*.

On constate aussi, très fréquemment, la présence d'une matière vitreuse.

On distingue quatre variétés d'andésites :

1° *Andésite à biotite* et 2° *andésite à hornblende*. — Ces variétés sont intimement unies, car l'amphibole et le mica sont toujours liés ensemble. La structure de ces andésites rappelle, de très près, celle des trachytes. Leur pâte, foncée, renferme souvent de l'*augite* et de l'*hypersthène*. Quelques-unes ne contiennent pas de pyroxène.

Ces deux premières variétés d'andésite sont fréquentes en Auvergne. Sur les flancs Nord et Est du Mont Dore, on observe une puissante coulée d'andésites à haüyne (A. Michel Lévy). On les rencontre aussi dans le Var, en Serbie, en Transylvanie, etc.

3° *Andésite à pyroxène rhombique*. — Dans ces variétés, l'*hypersthène* domine, mais il est toujours accompagné d'*augite*.

Cette variété est très bien représentée dans les Andes méridionales ; on l'a retrouvée à Santorin.

4° *Andésites à augite*. — Ces roches, dont le type est la pierre de Volvic (Puy-de-Dôme), sont pauvres en cristaux de première consolidation. Elles forment surtout, comme à Volvic, des coulées de lave (fig. 70).

C. Famille éléolitique. — Les roches hypocristallines porphyroïdes de la famille éléolitique sont des

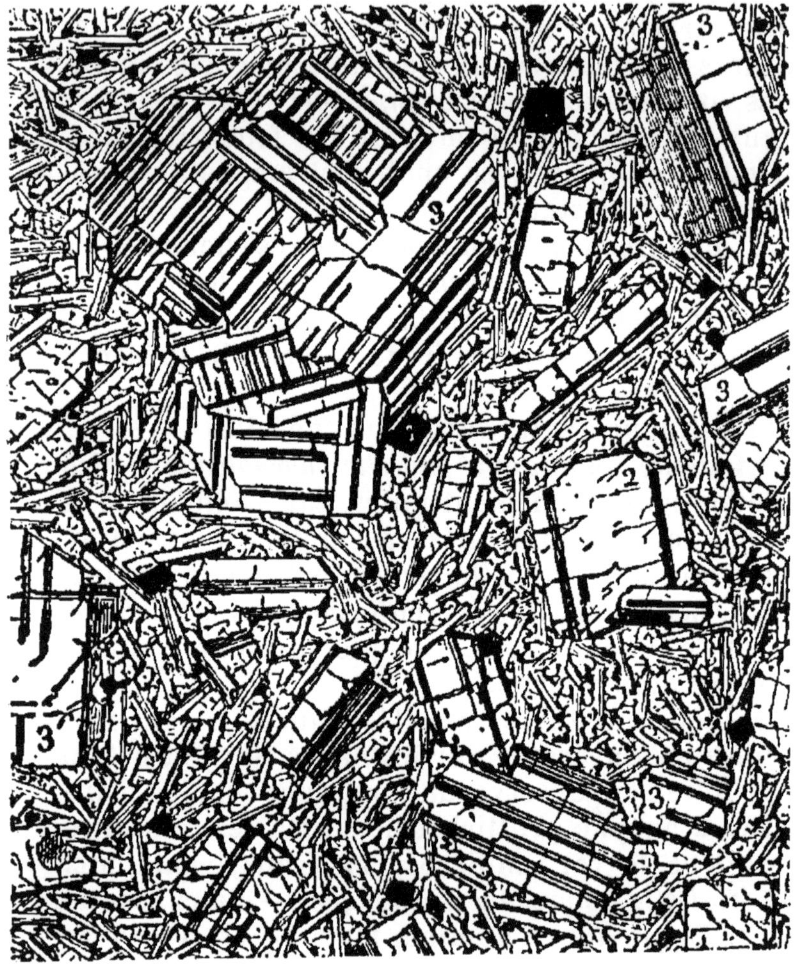

Fig. 70. — Andésite à augite (d'après Vélain). — 1, fer oxydulé. — 2, pyroxène augite. — 3, labrador. — 4, microlithes de fer oxydulé, d'augite et d'oligoclase.

orthophyses, connus sous le nom de *porphyrites à liebénérite* (variété altérée de néphéline). Dans ces roches, l'*orthose* et la *liebénérite* se montrent en cristaux isolés au milieu d'une pâte contenant les mêmes éléments.

Phonolithe. — La phonolithe est caractérisée par l'association de la *sanidine* avec la *néphéline* ou l'*amphigène*, quelquefois aussi l'*haüyne* et la *noséane*.

C'est une roche très nettement porphyroïde.

La pâte de la phonolithe à néphéline est formée de microlithes de *néphéline*, d'*augite* et d'*orthose*, elle entoure des cristaux de *sanidine* et de *néphéline* accompagnés d'*augite*, d'*hornblende*, de *sphène*, de *magnétite* et d'*apatite*.

A l'œil nu, cette roche semble compacte, elle est verdâtre et offre l'éclat gras, elle a une tendance à se laisser diviser en plaques minces.

Elle est très développée dans le Cantal et en Auvergne.

La *phonolithe à leucite* (ou amphigène) est essentiellement formée de *sanidine* et de *leucit*

Elle est très abondante aux environs de Rome.

Dans la plus grande partie des phonolithes, la pâte vitreuse fait défaut.

Roches neutres hypocristallines.

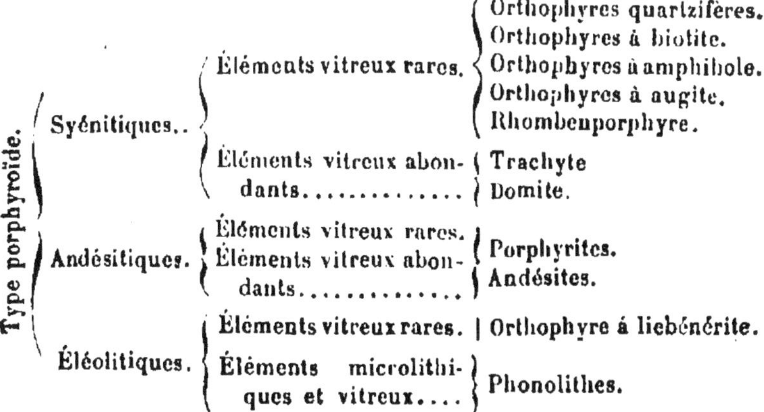

Type	Famille	Éléments	Roches
Type porphyroïde.	Syénitiques..	Éléments vitreux rares.	Orthophyres quartzifères. Orthophyres à biotite. Orthophyres à amphibole. Orthophyres à augite. Rhombenporphyre.
		Éléments vitreux abondants............	Trachyte Domite.
	Andésitiques.	Éléments vitreux rares. Éléments vitreux abondants............	Porphyrites. Andésites.
	Éléolitiques.	Éléments vitreux rares.	Orthophyre à liebénérite.
		Éléments microlithiques et vitreux....	Phonolithes.

Roches vitreuses. — A. Famille syénitique. — Le

type vitreux de la famille syénitique est représenté par les *hyalotrachytes*, roches qui ne diffèrent des *liparo-obsidiennes* et des *liparoponces*, que par une proportion moindre de silice. On rangera donc sous le nom d'hyalotrachytes, des *rétinites*, des *ponces* et des *obsidiennes trachytiques*.

B. Famille andésitique. — Les roches vitreuses de la famille andésitique sont des vitrophyres andésitiques. La pâte en est un verre brun ou jaune avec globulites et cristallites.

La famille comprend donc des *perlites*, *ponces* et *obsidiennes* andésitiques, par analogie avec le groupe précédent on réunit ces roches sous le nom d'*hyalo-andésites*.

L'*obsidienne*, ou *verre des volcans*, est le type vitreux de la famille andésitique. Sa proportion de silice tient à la quantité d'orthose dont elle est formée. On y observe des grains de *sanidine*, mais jamais de quartz. Beaucoup d'obsidiennes sont remplies de trichites et de globulites et quelques-unes sont riches en pores gazeux.

La *ponce* est une obsidienne andésitique spongieuse. Tantôt les pores gazeux y sont très abondants et les cristaux microscopiques rares, tantôt les cristaux y sont abondants et les pores peu nombreux.

C. Famille éléolitique. — Bien que la pâte vitreuse soit rare dans les phonolithes, on trouve dans certaines contrées (l'Erzgebirge, par exemple) des rétinites phonolithiques, dont on fait une famille comparable aux deux précédentes et qu'on nomme *hyalophonolithes*.

Roches neutres.

	Famille	Mode	Roches
Holocristallines.	Famille syénitique.	Mode granitique...	Syénite.
		M. microgranitique.	Ortholite.
		M. microgranulitique..........	Microgranulites basiques.
	F. andésitique.....	M. granitique.....	Diorites quartzifères.
		M. microgranitique.	Kersantite.
		M. microgranulitique...........	Dacites.
	F. éléolitique	Mode granitique...	Syénite éléolitique.
Hypocristallines.	F. syénitique......	Mode microlithique sans éléments vitreux...........	Orthophyres. Rhombenporphyre.
		Mode microlithique avec éléments vitreux...........	Trachyte. Domite.
	F. andésitique.....	M. microlithique. — Pas d'éléments vitreux...........	Porphyrites.
		M. microlithique. — Des éléments vitreux...........	Andésites.
	F. éléolitique.	M. microlitique. — Eléments vitreux.	Phonolithes.
Vitreuses.	F. syénitique......	Mode cristallitique.	Hyalotrachytes.
	F. andésitique.....	Mode cristallitique.	Hyaloandésites.
	F. éléolitique......	Mode cristallitique.	Hyalophonolites.

CHAPITRE VI

ROCHES BASIQUES.

Les roches basiques offrent une variété de texture moins grande que les autres roches. La pâte entière tend à se cristalliser ; cette cristallisation est tantôt vague et les éléments s'enchevêtrent les uns dans les autres; tantôt nette, et les petits cristaux prennent une orientation décelant la fluidité primitive.

Les auteurs actuels classent les roches basiques *en familles*, d'après le rôle des éléments ferro-magnésiens; *en espèces*, d'après le rôle des feldspaths.

Roches holocristallines du type granitoïde. — L'élément ferro-magnésien dominant, peut appartenir 1° au groupe de l'*amphibole*, 2° au groupe du *pyroxène*, 3° au groupe du *péridot*. De là trois familles appartenant au type *granitoïde*. Une dernière série de roches, comprend celles qui appartiennent au type *ophitique*, intermédiaire entre le type granitoïde et le type porphyroïde.

Diorite. — La *diorite* est l'association granitoïde d'un *plagioclase* avec la *hornblende*; celle-ci peut être remplacée par du mica. L'*oligoclase* ou l'*andésine* sont les feldspaths dominants. Dans certaines variétés, le *pyroxène* se montre; dans d'autres, c'est l'*orthose*. Le *sphène* et la *pyrite* sont très fréquents, et abondent dans les diorites. Le feldspath est souvent transformé en *muscovite*, *kaolin* ou *épidote*. La hornblende est verte et quelquefois passe à la *serpentine* ou à la *chlorite*.

Les diorites sont divisées en deux groupes : *diorites à oligoclase* et *diorites à labrador*.

La *corsite* ou *diorite orbiculaire* est une roche que l'on observe en Corse, elle est caractérisée par sa disposition sphéroïdale. Les parties radiées des sphères sont formées de feldspath, et séparées les unes des autres par des enveloppes de hornblende. Le feldspath dominant est l'*anorthite*.

Les diorites à oligoclase et à labrador se rencontrent en Bretagne (Ch. Barrois).

Dans les îles Anglo-Normandes, on trouve des variétés à pyroxène et dans les Vosges (fig. 71) une variété à biotite, dite *diorite micacée*.

Les diorites du plateau central et des Côtes-du-Nord, riches en calcite, sont des diorites quartzifères altérées. Les cristaux de hornblende y atteignent de grandes dimensions, ils sont intacts et cimentés par la calcite, le plagioclase, le quartz, etc.

DIABASE. — Cette roche est un mélange *granitoïde*

Fig. 71. — Diorite des Vosges. — 1, fer oxydulé. — 2, apatite (accessoire). — 4, oligoclase. — 5 et 6, hornblende.

ou *ophitique* de *plagioclase* et d'*augite;* généralement elle est à grain fin, sa couleur est verte, par suite de la transformation du pyroxène en chlorite.

On distingue des *diabases à oligoclase*, des *diabases à labrador* (fig. 72) et des *diabases à anorthite*.

Quelquefois le pyroxène se transforme en amphibole et ce phénomène, qu'on nomme *ouralitisation*, a fait décrire comme diorites, beaucoup de diabases, notamment celles du Cotentin et de la Bretagne.

Fig. 72. — Diabase à labrador (d'après Vélain). — 1, fer titané. — 2, sphène. — 3, pyroxène. — 4, labrador. — 5, pyroxène.

Les diabases à labrador sont très communes en Bretagne, elles forment, sur le versant nord des montagnes Noires, un filon de cinquante kilomètres. Dans ces roches, le pyroxène est transformé en une *matière serpentineuse* que l'on a prise pour de l'*olivine*, mais on ne rencontre jamais ce minéral dans les diabases, et cette serpentine provient, sans doute, du pyroxène (Ch. Barrois).

DOLÉRITE. — La *dolérite* est constituée par un mé-

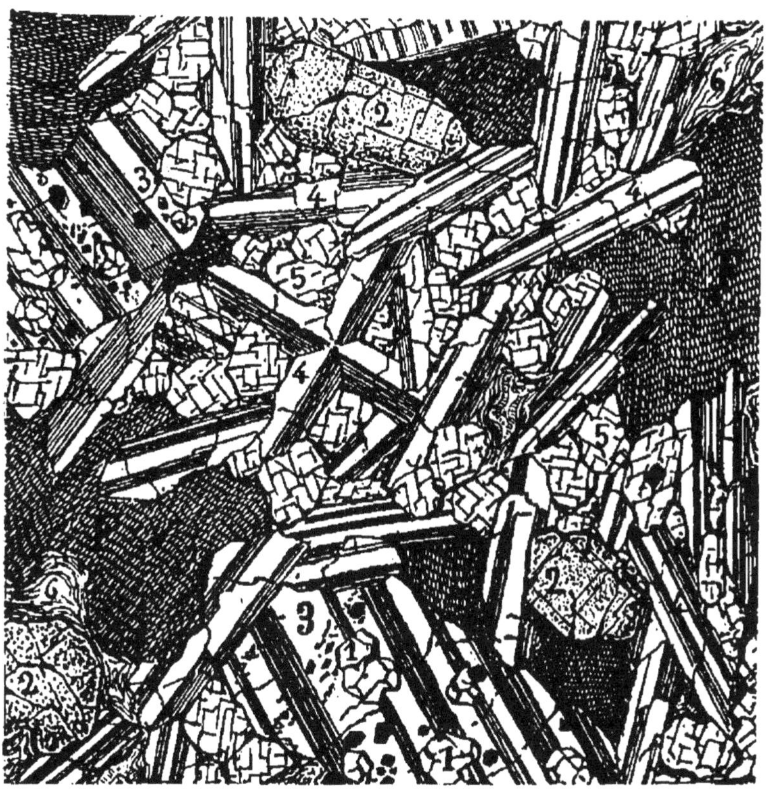

Fig. 73. — Dolérite du Groenland (d'après Vélain). — 3 et 4, cristaux de labrador. — 5, augite. — F, fer natif. — 6, serpentine.

lange granitoïde ou ophitique d'*augite* et d'*oligoclase* ou de *labrador*. L'olivine s'y rencontre quelquefois, mais y est toujours assez rare. On peut considérer cette roche comme l'équivalent moderne des diabases (de Lapparent). La rareté du péridot les rend un peu plus riches en silice et plus pauvres en magnésium que les basaltes, dont elles représentent l'état granitoïde (de Lapparent).

On rencontre des dolérites contenant une assez forte proportion de matières amorphes pour faire le

Fig. 74. — Euphotide du mont Genèvre. — 1, fer titané. — 2, amphibole. — 3, labrador. — 4, diallage. — 5, chlorite.

passage des roches holocristallines aux roches hypocristallines.

Les dolérites d'Auvergne renferment des cristaux d'augite et de plagioclase parfaitement développés ; elles sont plutôt *porphyroïdes* que *granitoïdes*.

Au Groenland, existe une dolérite à labrador, contenant, dans une pâte d'augite et de labrador, des cristaux de spinelle et de magnétite (fig. 73). Dans la pâte il s'est développé du fer natif et de la serpentine. C'est sur cette roche que se rencontrent des masses de fer natif carburé et nickelifère auquel on donnait une origine météorique (Nordenskjoeld).

EUPHOTIDE. — L'euphotide est une variété à gros grain d'une roche *granitoïde* nommée *gabbro*, qui est formée de *diallage* et de *plagioclase*, celui-ci étant le plus souvent du *labrador* ou de l'*anorthite* (fig. 74). Ce plagioclase, fréquemment altéré, devient de la *saussurite*, mélange d'épidote et d'albite avec muscovite et kaolin. Le diallage est souvent associé à un pyroxène rhombique (*hypersthène*, *enstatite*) et transformé en *smaragdite* (amphibole vert clair).

L'euphotide renferme du feldspath vert (*saussurite*) et de la *smaragdite* ; le *diallage* y est mêlé à l'*actinote* et uni à la *hornblende*. Elle se transforme, surtout au bord de ses épanchements, en *variolite*, roche très éloignée du type granitoïde.

L'euphotide est abondante au mont Genèvre ; celle que l'on observe aux environs de Florence est riche en saussurite, et nettement granitique.

NORITE. — L'association d'un pyroxène du groupe de l'*enstatite*, avec le *plagioclase*, donne une roche particulière, la *norite*. Le plagioclase y est encore du *labrador* ou de l'*anorthite*, et l'enstatite peut y être remplacé par l'*hypersthène* ou la *bronzite* (pyroxènes rhombiques). La roche appartient franchement au type *granitoïde*.

Les *hypérites*, qui sont des roches plus récentes, renferment quelquefois de l'*olivine ;* mais les éléments constitutifs en sont : l'*hypersthène*, la *sanidine*, le *fer oxydulé*, et le *labrador*, ou l'*anorthite*. Les hypérites sont des norites plus modernes.

Péridotites. — On désigne sous ce nom des roches granitoïdes sans feldspath, et où domine l'*olivine*. Les péridotites sont très nombreuses. Les unes contiennent de l'*olivine* et de l'*augite*, ce sont des diabases sans feldspath (*picrites*). D'autres contiennent de l'*olivine* et de l'*amphibole* (*picrites à amphibole*). L'association de l'olivine et de la diallage caractérise les *Wehrlites*. Lorsque l'*olivine* et un *pyroxène rhombique* sont les éléments fondamentaux de la roche, c'est une *Harzburgite*. Les *Dunites* sont caractérisées par le *fer chromé et* l'*olivine*.

Lherzolite. — La *lherzolite* est formée par l'association granitoïde d'*enstatite*, de *péridot* incolore, et de *diallage*.

Le gisement de lherzolite (Lherz, Ariège) est traversé par des fissures remplies de serpentines.

Serpentines. — Toutes les péridotites présentent le phénomène de la transformation de l'olivine ou de l'enstatite en serpentine. De là autant de roches serpentineuses dites *serpentines* que de variétés de péridotites.

Diabase a olivine. — Les roches granitoïdes où domine le péridot, ne sont pas toutes dépourvues de feldspath. Il y a une série de roches mixtes (*diabases à olivine*, *gabbros à olivine*), dans lesquelles le péridot s'associe au feldspath. En général, le feldspath passe à la *saussurite* et la *smaragdite* y est bien développée.

Ophites. — L'ophite, qui présente la texture que nous avons signalée sous le nom de *texture ophitique* (Voy. p. 90), est caractérisée par la présence d'un pyroxène, le plus souvent le diallage, associé à un plagioclase qui peut être du labrador ou de l'oligoclase. Le feldspath se présente en général, en cristaux allongés (A. Michel Lévy). Le fer titané se rencontre souvent dans cette roche.

La pâte de l'ophite est formée de petits cristaux d'oligoclase ou d'augite et d'amphibole, où se sont développés de la chlorite et de l'épidote.

Le type de cette roche se rencontre dans les Basses-Pyrénées, à Biarritz, à Salies, etc.

Les ophites des Pyrénées sont toutes des *diabases ophitiques*, où l'on peut observer la transformation du pyroxène en amphibole.

Roches basiques holocristallines.

	Amphibole et plagioclase *Diorites*..............		Oligoclase..	*Diorites à Oligoclase.*
			Labrador...	*Diorite à Labrador.*
			Anorthite...	*Diorite Orbiculaire.*
Granitoïdes.	Pyroxène et plagioclose.	Sans olivine. *Diabases.*	Oligoclase..	*Diabase à Oligoclase.*
			Labrador...	*Diabase à Labrador.*
			Anorthite...	*Diabase à Anorthite.*
		Avec olivine............		*Dolérite.*
	Diallage..	Plagioclase. *Gabbros, Euphotide.*	Labrador...	*Euphotide.*
			Anorthite...	*Euphotide.*
	Pyroxène rhombique (Enstatite, Hypersthène, Bronzite) et Plagioclase. *Norites*..................		Labrador...	*Norite à Labrador.*
			Anorthite...	*Norite.*
	Péridot et..............		Feldspath..	*Diabase à Olivine.*
			Amphibole.	*Péridotites.* *Lherzolite.* *Serpentines.*
Ophitiques.	Éléments des roches granitoïdes associés suivant le mode ophitique............			*Ophites.* *Diabases Ophitiques.* *Diorites Ophitiques.* *Dolérites Ophitiques.*

Roches hypocristallines. — La série basique des roches, renferme un grand nombre de types à texture hypocristalline. L'aspect extérieur comprend toutes sortes de variations entre le porphyre franc et le grain compact des basaltes; on trouve cependant un type sphérolithique que l'on ne rencontre dans aucune des séries précédentes.

Variolite. — Dans le groupe des euphotides, la combinaison d'une pâte amorphe avec des cristaux donne lieu à la *variolite* (1). La pâte, d'un vert foncé, entoure des sphéroïdes composés de fibres d'oligoclase, de grains de pyroxène et d'actinote lamellaire. La pâte contient les mêmes éléments : sa texture est perlitique ou fluidale. La variolite occupe toujours le bord des épanchements d'euphotide, elle est le terme vitreux de cette série (A. Michel Lévy).

Porphyres basiques. — La proportion de silice des porphyrites andésitiques s'abaisse au point de former des roches basiques.

A celles-ci appartiennent les *Trapps* d'Angleterre et du Plateau central de la France.

Les trapps renferment des cristaux d'augite dans une pâte microlithique de mica noir et de feldspath, pouvant contenir de la matière vitreuse (A. Michel Lévy). Les trapps les plus basiques contiennent des cristaux microscopiques de péridot et de la magnétite en proportion notable.

On peut distinguer deux types principaux : 1° l'un à microlithes d'oligoclase avec cristaux de biotite, de quartz et de pyroxène (*dioritine* de Commentry); 2° l'autre à pâte contenant du labrador et de l'augite microlithique avec fer oxydulé, cristaux de labrador et de pyroxène (*basanite de Noyant*). Il en existe aussi à microlithes d'amphibole, d'oligoclase, avec cristaux de hornblende (Beaujolais, environs de Thiers).

Diabasophyres. — Le *diabasophyre* est une variété

(1) Cette roche est abondante dans la Durance.

porphyrique de diabase, c'est l'association porphyroïde d'augite et de plagioclase. La pâte, formée de feldspath et d'augite granulitiques, renferme des

Fig. 75. — Diabasophyre des Vosges (d'après Vélain). — 1, fer oxydulé — 2, augite. — 3, labrador. — 4, microlithes d'oligoclase et de fer oxydulé.

cristaux de plagioclase et d'augite avec hornblende et biotite (fig. 75).

Labradophyres. — Dans ces roches, la pâte est constituée par de l'augite et du feldspath microlithique, et une certaine quantité de matière amorphe. Sur cette pâte verte, dans les types francs (*porphyre vert antique*), se détachent des cristaux blancs de labrador et des petits cristaux verdâtres d'augite.

Augitophyres. — Lorsque la pâte microlithique est formée surtout de feldspath et d'augite, la roche basique prend le nom d'*augitophyre*. La matière amorphe est constante, le feldspath renferme des inclusions vitreuses, et, sur la pâte, se détachent des cristaux d'augite, de plagioclase, d'olivine avec apatite, magnétite, etc.

Spilites. — Quand les cristaux anciens de plagioclase et d'augite font défaut, l'augitophyre passe à la spilite, roche remarquable par ses pores remplis de minéraux : carbonates et chlorates.

Mélaphyre. — Les roches basiques à éléments vitreux et dans lesquelles le grain de la pâte est difficilement visible sans le secours du microscope (texture *aphanitique*), comprennent toute la famille des *basaltes*, roches augitiques à péridot, contenant toujours un élément feldspathique.

Dans cette famille, le *mélaphyre* est le terme correspondant de la diabase à olivine. La pâte prédominante est constituée par des microlithes de *feldspath*, d'*augite* et de *matière amorphe* plus ou moins dévitrifiée. Dans cette pâte, se trouvent des cristaux de *plagioclase*, de *péridot* et d'*augite* ou d'*enstatite* (fig. 76).

L'apparence du mélaphyre est compacte. Parmi ses éléments accessoires se trouve la *calcédoine*.

L'abondance du *péridot* est très variable : les mélaphyres du Harz en sont pauvres; ceux des Vosges en contiennent beaucoup. Les mélaphyres du Tyrol renferment peu de matière vitreuse. Souvent, aussi, la roche est caverneuse, et les cavités sont remplies de minéraux où domine la *calcite*.

Dans la vallée de la Sarre, les mélaphyres prennent la texture ophitique, la pâte est cristallisée et les minéraux de première consolidation, qui manquent parfois, sont de l'*olivine* ou de l'*enstatite*. Ces

Fig. 76. — Mélaphyre des Vosges (d'après Vélain). — 1, fer oxydulé. — 2, péridot. — 3, labrador. — 4, microlithes d'oligoclase. — 5, microlithes d'augite et de fer oxydulé.

mélaphyres passent ainsi aux diabases et aux gabbros (A. Michel Lévy).

Basaltes. — Plus basiques que les mélaphyres,

les basaltes sont des roches compactes, d'apparence homogène et de couleur noire (fig. 77).

Les minéraux cristallisés anciens qu'on y trouve sont l'*anorthite* et le *labrador* vitreux (*microtine*),

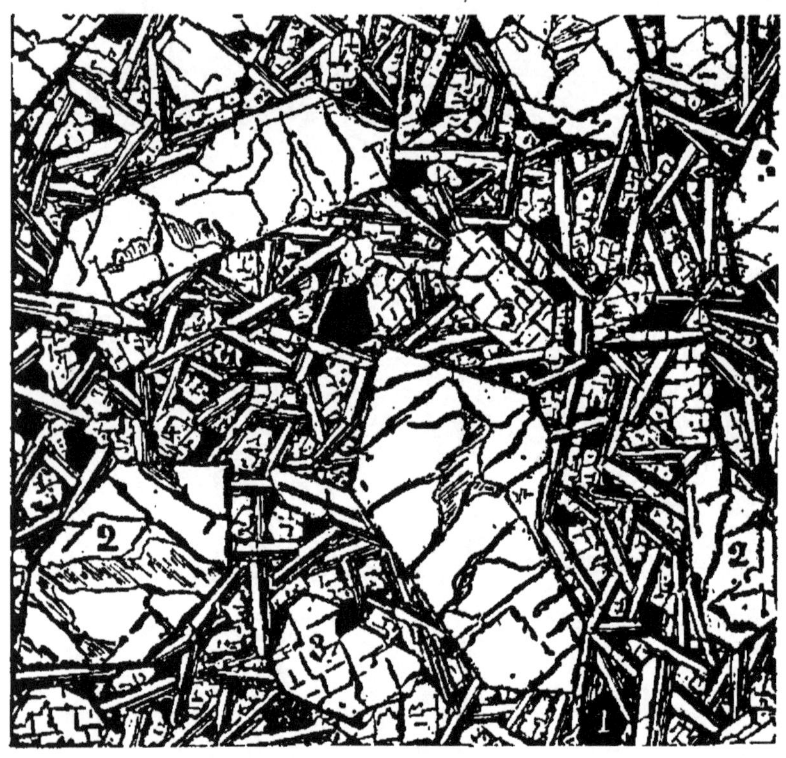

Fig. 77. — Basalte des plateaux d'Auvergne d'après Vélain). — 1, fer oxydulé. — 2, olivine. — 3, pyroxène augite. — 4, microlithe d'augite. — 5, microlithes de labrador.

l'*augite*, la *hornblende*, l'*olivine* et la *magnétite*. Accessoirement on rencontre le *zircon*, la *picotite*, l'*apatite* et l'*ilménite*.

Le feldspath, toujours moins abondant que l'augite, peut être de l'oligoclase ou de l'andésine.

Lorsque le labrador diminue soit en cristaux, soit en microlithes, le basalte est *labradorique*; si, au contraire, l'*anorthite* l'emporte, le basalte est *anorthique*.

Il existe de nombreuses variétés de basalte suivant la proportion de matière amorphe (qui peut faire complètement défaut), et suivant que dans la pâte l'augite l'emporte ou non sur le feldspath.

Une propriété remarquable du basalte, c'est la tendance de ses coulées à se diviser en prismes hexagonaux, dont les axes, droits ou courbes, sont perpendiculaires aux surfaces de refroidissement. C'est là un simple phénomène de retrait.

Les basaltes observés au Groenland contiennent du fer natif nickelé et carburé, avec cristaux de spinelle et graphite. On y distingue des basaltes ferrifères, et des basaltes à graphite. Celui-ci est tantôt concentré en petites sphères, tantôt régulièrement disséminé (Steenstrup).

Leucitophyres. — Il est des basaltes dans lesquels l'élément feldspathique, au lieu d'appartenir au groupe des feldspaths vrais, est de la famille de l'amphigène ou de la leucite. Dans ces basaltes, le péridot se fait rare, ou manque.

Dans les uns, la *néphéline* est l'élément dominant des microlithes, l'*olivine* est fréquente, et les cristaux anciens sont le *labrador*, l'*augite* et la *magnétite*. On leur donne le nom de *Téphrites*.

Dans les autres, la *leucite* est constante, et on trouve avec elle, soit la *sanidine* (*leucitophyres*), soit un plagioclase (*leucotéphrites*).

Leucitites. — Si la leucite n'est pas associée à un feldspath, on a un *basalte à leucite* ou *leucitite* avec ou sans *olivine ;* l'*haüyne*, le *sphène*, l'*ilménite* et l'*apatite* figurent au rang des minéraux accessoires (fig. 78).

Néphélinites. — La prédominance de la *néphéline*, conduit à considérer des *basaltes à néphéline* ou *né-*

phélinites avec ou sans olivine ; parmi les minéraux accessoires qui sont ceux des leucitites, figurent le *grenat mélanite.*

Augitites. — La disparition totale de l'élément

Fig. 78. — Leucitite du Vésuve (d'après Vélain). — I. *Éléments de première consolidation.* — 1, magnétite. — 2, péridot. — 3, leucite. — 4, augite. — II. *Éléments de seconde consolidation.* — 5, microlithes d'augite et de fer oxydulé. — 6, ménilite.

feldspathique caractérise un nouveau groupe de la famille des basaltes.

De ces roches, les unes dépourvues aussi d'olivine forment les *augitites*, les autres uniquement constituées de *péridot*, d'*augite* et de *magnétite*, noyés dans une pâte à éléments amorphes et à microlithes d'*augite* et de *magnétite*, sont réunies sous le nom de *lim-*

burgites, du nom de la localité où en est placé le principal gisement.

Labradorites. — Enfin, MM. Fouqué et A. Michel Lévy donnent le nom de *labradorites* à un dernier groupe basaltique, renfermant des roches pauvres en péridot, où des microlithes de *labrador*, de *magnétite*, et d'*augite* sont séparés par une pâte vitreuse entourant des cristaux de ces mêmes minéraux, auxquels, parfois, vient s'ajouter l'*anorthite*. L'opale, la tridymite, l'apatite et l'olivine sont les plus constants des éléments accessoires.

Roches basiques hypocristallines.

Type porphyroïde.

- Association sphérolitique des éléments des roches granitoïdes.................. Variolite.
- Association microlithique des éléments des roches granitoïdes...
  - Amphibole dominant. — Porphyres basiques. Trapps. Basanites.
  - Pyroxène dominant.. — Diabasophyres. Augitophyres. Labradophyres. Spilites.
- Pâte de texture aphanitique. *Roches basaltiques*.....
  - Péridot.
    - Plagioclase.
      - Pas de leucite. — Basaltes. Mélaphyres.
      - Leucites. — Leucitophyres.
    - Pas de plagioclase..
      - Pas de leucite.. — Augitite.
      - Leucite. — Leucitite. Néphélinite.
  - Pas de péridot, du plagioclase.... — Labradorites.

Roches vitreuses. — La *weiselbergite* (Rosenbusch) ou *rétinite mélaphyrique* remplit vis-à-vis du mélaphyre le rôle que jouent les pechsteins vis-à-vis des roches acides. Elle est formée d'une pâte homogène amorphe avec grains microscopiques de péridot, de plagioclase et de magnétite.

Les *vitrophyres basaltiques* et les *hyalobasaltes* (fig. 79) sont des roches basiques récentes du type vitreux. On les divise en *tachylites*, verres solubles, et *hyalomélanes*, verres insolubles dans

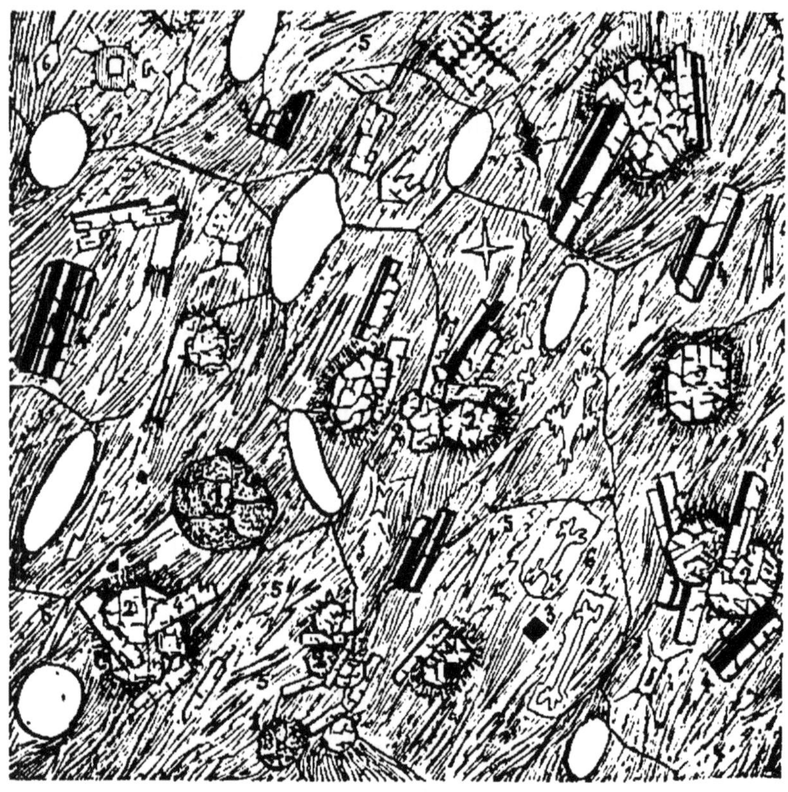

Fig. 79. — Hyalobasalte (d'après Vélain). — 1, fer oxydulé. — 2, péridot. — 3, augite. — 4, anorthite. — 5, microlithes de labrador. — 6, granules d'augite et de fer oxydulé, disséminés dans une matière amorphe à structure fluidale.

les acides. Les premiers remplissent les fissures et cavités des basaltes ; les seconds se trouvent en rognons dans ces mêmes roches. Leurs caractères optiques sont ceux des obsidiennes ; ils sont riches en olivine, et la silice y est toujours hydratée.

Roches basiques.

- **Holocristallines.**
  - Granitiques..
    - à amphibole .... Diorites.
    - à augite .... Diabases. Dolérite.
    - à diallage .... Gabbro. Euphothide.
    - à hypersthène .... Norite.
    - à péridot..
      - du feldspath...... Diabase à olivine.
      - sans feldspath.... Péridotites. Lherzolite. Serpentines.
  - Ophitiques .... Diabases ophitiques. Dolérites ophitiques. Diorites ophitiques. Ophite.
- Sphérolithiques .... Variolite.
- **Hypocristallines.**
  - Microlithiques et porphyriques..
    - à amphibole et pyroxène... Porphyres basiques. Trapps. Basanites.
    - à augite et diallage....... Diabasophyres. Labradophyres. Augitophyres. Spilites.
  - Microlithiques et aphanitiques..
    - à péridot et plagioclase.....
      - Pas de leucite... Mélaphyres. Basaltes.
    - à péridot sans plagioclase..
      - Leucite... Leucitite. Néphélinite.
      - Pas de leucite... Augitites.
    - Pas de péridot .... Labradorites.
- Vitreuses.......
  - Microlithiques .... Rétinites mélaphyriques.
  - Cristallitiques .... Hyalobasaltes. Tachylite. Hyalomélane.

CHAPITRE VII

ROCHES EXOGÈNES.

Les roches qui sont d'origine externe contiennent les mêmes substances minérales que les matériaux endogènes. Leur description rentre dans le domaine de la *Stratigraphie*; il faut, cependant, indiquer les termes qui, dans la suite, seront d'un fréquent usage.

Dans les formations exogènes, on rencontre trois sortes de dépôts :

1° Les dépôts détritiques ou fragmentaires (1); 2° les dépôts chimiques ; 3° les dépôts organiques. En outre comme les formations sédimentaires contiennent des restes d'animaux ou de végétaux en assez grandes quantités pour former des sédiments organiques, il faudra entrer dans quelques détails, pour expliquer leur conservation.

Dépôts détritiques. — Ces dépôts sont le résultat de l'action de la mer, des rivières, ou des agents atmosphériques sur des roches préexistantes, dont les débris se sont déposés régulièrement au fond des mers ou des cours d'eau et y ont formé des *sédiments*. La grande majorité de ces dépôts s'opèrent sous l'influence de la pesanteur, en eau calme, se disposent en couches ou *strates* horizontales. Ces couches restent distinctes, parce que leur dépôt varie suivant le jeu des marées, ou la force des vagues.

Division des dépôts détritiques. — On divise les dépôts détritiques en deux classes, suivant que

(1) On leur donne aussi le nom de *clastiques*.

les matériaux qui les constituent sont *arénacés* ou *argileux*. La distinction est aisée à faire.

Le grain des dépôts arénacés est toujours discernable ; le grain des dépôts argileux ne l'est pas. Ces derniers, en effet, résultent de l'agglutination d'éléments que l'eau a tenus longtemps en suspension à l'état de vase impalpable, condition que les silicates d'aluminium et les calcaires réalisent aisément. Les roches composées de silice sont plus difficilement réductibles en poudre impalpable, le résultat de leur désagrégation atteint facilement une limite ; aussi, les dépôts arénacés sont-ils plutôt siliceux. Ils correspondent, dans les formations marines, à des dépôts qui se sont effectués au voisinage d'un rivage, tandis que les roches argileuses se sont formées en pleine mer, là où l'agitation des vagues n'était plus perceptible.

Dépôts arénacés. — Il faut distinguer, dans les dépôts arénacés, les dépôts *meubles*, et les dépôts *agglutinés*.

Dépôts meubles. — Ils se composent de sables, de graviers, de galets, de blocs. Le quartz domine, dans ces dépôts, souvent aussi on y trouve des grains de minerais, du mica, des minéraux durs, du corindon, du grenat.

Parfois, ces éléments étaient assez gros pour avoir été frottés les uns contre les autres, dans l'agitation de la mer, c'est le cas des galets, graviers et sables grossiers. Dans les sables fins, au contraire, les éléments étaient assez petits pour que les vagues les aient tenus en suspension, sans que le frottement et l'usure des angles se soient produits. Cependant, les *moraines* des glaciers sont un exemple de dépôts meubles, où les éléments sont irréguliers et anguleux, tout en ayant de grandes dimensions, c'est à cela et à la boue fine et grise qui emplit les intervalles, qu'on reconnaît ce genre de formations.

Dépôts agglutinés. — Les dépôts agglutinés sont plus abondants que les dépôts meubles. Cela s'explique facilement, puisque, dans le cours du temps, les formations meubles ont dû être traversées, perpétuellement, par des eaux d'infiltration, qui déposaient du calcaire, de la silice, de l'oxyde de fer, matières agglutinantes. Les éléments chimiques sont donc intervenus pour consolider le dépôt primitivement détritique.

On distingue deux sortes de dépôts agglomérés suivant que le grain est gros ou fin : 1° les conglomérats, et 2° les grès.

1° *Conglomérats.* — Les *conglomérats* sont des roches formées par la réunion de fragments, que réunit un ciment quelconque. Le conglomérat est une *brèche*, quand les éléments sont *anguleux;* un *poudingue*, quand ils sont *arrondis.*

La composition et le grain d'un conglomérat sont excessivement variables, aussi nombreuses sont les épithètes que l'on peut accoler à ce mot suivant la grosseur des éléments constituants la roche (1).

Dans un grand nombre de poudingues, les galets sont *impressionnés*, c'est-à-dire que, de deux galets en contact, l'un a pénétré l'autre, et s'y est imprimé d'une manière très profonde.

2° *Grès.* — Lorsque le grain d'une roche agglomérée est fin, on lui donne le nom de *grès.* C'est en somme le résultat de l'agglutination d'un sable par un ciment quelconque. On distingue :

Les *grès quartzeux*, dont les éléments sont des

(1) Signalons seulement le nom de *sparagmite* donné par les géologues à l'ensemble des conglomérats qui, en Scandinavie, est à la base des terrains stratifiés.

grains de quartz reliés par un ciment siliceux.

Les *grès psammites*, dans lesquels les grains de quartz argileux, fins, sont associés au moyen d'un ciment le plus souvent micacé.

Les *grès argileux*, à fragments de quartz et de schistes, reliés par une pâte argilo-siliceuse.

Les *grauwackes*, schistes primitivement siliceux et calcaires, puis décalcifiés et oxydés; on les reconnaît aux cavités laissées par la destruction du carbonate de calcium (1).

Les *macignos*, grès argilo-calcarifères.

Les *grès ferrugineux*, aux grains réunis par de l'oxyde de fer hydraté.

Les *grès verts*, à ciment calcaire, et dont la couleur provient des grains de *glauconie* (silicate de potassium et de fer, hydraté) mêlés au quartz.

Les *grès calcarifères*, à ciment calcaire.

Les *grès lustrés*, grès quartzeux dans lesquels le grain est assez fin; ils sont assez fortement agglomérés, pour que la cassure en paraisse homogène et luisante. Quelquefois, ils passent au quartzite, qui est une véritable roche de quartz, dans laquelle les grains ne sont plus visibles. Au microscope, on constate que les quartzites sont déjà des grès à ciment quartzeux cristallisé.

Le *phtanite* est un schiste siliceux noir, qui peut se débiter en plaques.

L'*arkose* est une roche qui fait le passage des grès aux conglomérats, elle est formée de grains de quartz, de feldspath, et parfois aussi de mica; c'est, pour ainsi dire, un granite reconstitué.

La *métaxite* est une arkose à feldspath kaolinisé.

DÉPÔTS ARGILEUX. — Les dépôts argileux sont for-

(1) Le terme de grauwacke a été employé souvent pour toutes sortes de schistes anciens non exclusivement argileux.

més de silicates d'alumine hydraté, mélangés de quartz et de mica en grains impalpables, et associés à l'oxyde de fer. Quelquefois l'oxyde est riche en calcaire, on lui donne le nom de *marne*.

On peut distinguer : les *argiles réfractaires*, dont le *kaolin* est la variété le plus pure; la *terre à foulon*, ou *argile smectique;* et les argiles *ferrugineuses* ou *ocres*.

Un ciment siliceux agglomère, parfois, les argiles en une roche dure, si la silice y est soluble dans les alcalis (gélatineuse, en d'autres termes) la roche devient poreuse, c'est une *gaize*.

Les *jaspes* sont des argiles fortement imprégnées de silice diversement colorée, aussi dure que le silex.

Mélangée avec de fins grains de quartz et de l'oxyde de fer hydraté, l'argile devient du *limon*. Ce dernier est du *lœss*, lorsqu'il se charge de calcaire.

Lorsque les éléments de l'argile prennent une disposition régulière, s'alignent, on la dit *schisteuse*.

Les *schistes*, roches dures, fissiles, sont des argiles schisteuses, dans lesquelles, par métamorphisme, sont venus s'implanter des éléments cristallins.

Un schiste qui se débite facilement en plaques minces est une *phyllade;* et celle-ci lorsqu'elle est fine, homogène et compacte, devient une *ardoise*.

L'*argilite* est un schiste très riche en silicate d'alumine.

Une *quartzophyllade* est une phyllade à laquelle s'est adjointe une certaine quantité de quartz.

La propriété par suite de laquelle certaines roches se séparent en lames minces suivant une direction déterminée n'est pas une conséquence du mode de stratification. Il arrive souvent que la *schistosité*, résultat d'efforts mécaniques, se manifeste suivant des directions très différentes de la stratification. Celle-ci ne peut être appréciée que par la succession des zones suivant lesquelles la coloration et le grain se montrent constants. On rencontre, fréquemment, des schistes anciens, formés de lits parallèles, alternativement verdâtres et rougeâtres, la direction de

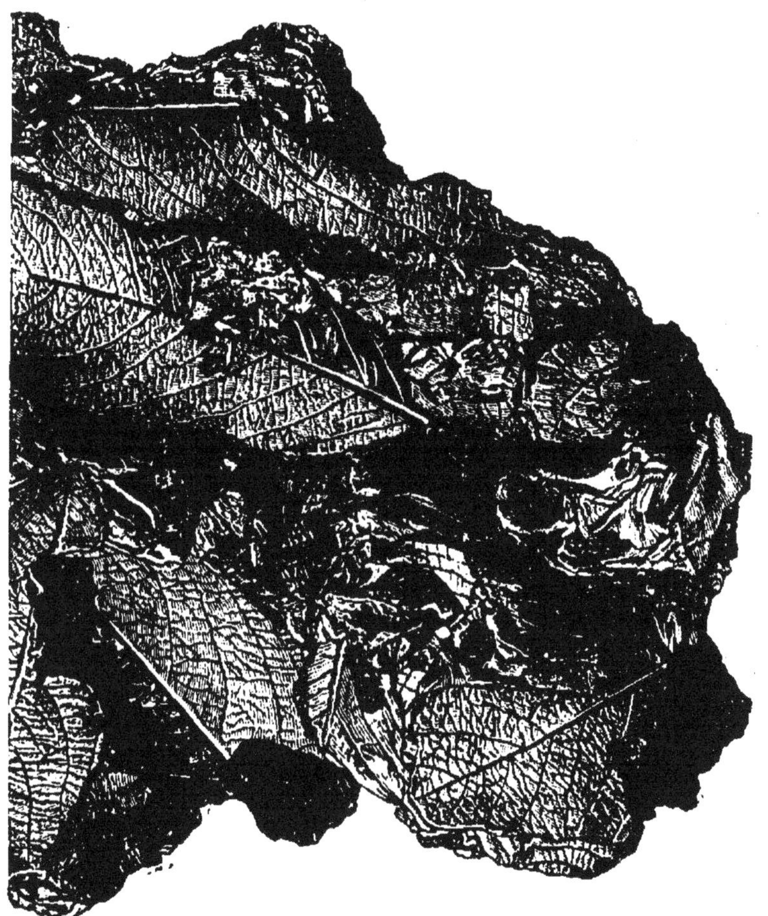

Fig. 80. — Travertin avec empreintes de feuilles.

ces lits indique la stratification indépendamment de la schistosité.

Dépôts chimiques. — Le nombre des roches d'origine chimique est très limité. Ce sont : les *meulières* ou pierres de silex, tantôt compactes, tantôt caverneuses; la *geysérite*, silice hydratée; les *travertins calcaires* (fig. 80), roches caverneuses; les *tufs*, produits par la précipitation du carbonate de calcium contenu dans certaines eaux; des dépôts d'oxyde de fer hydraté ou *limonite*, agglomérés en couches concentriques, dits *pisolithes*; les amas de *sel gemme*, d'*anhydrite*, et de *gypse*, ces derniers attribués à la transformation de calcaires sous l'influence d'émanations sulfureuses. Beaucoup de ces dépôts, au lieu de constituer des couches largement étalées, forment des amas lenticulaires, des *concrétions*.

Certains dépôts calcaires ou siliceux, favorisés par la présence de corps organiques, que l'on rencontre dans certaines roches sédimentaires, sont aussi d'origine chimique. Tels sont par exemple les *silex* de la craie; les *phtanites*, silex noirs du calcaire carbonifère; les *nodules de carbonate de fer*, qu'on rencontre souvent dans le terrain houiller; les *ménilites*, rognons de silice, abondants dans certaines marnes, etc.

Dépôts organiques. — Ceux-ci sont de deux sortes: les dépôts *calcaires* et les dépôts *combustibles*.

Calcaires. — Tous les calcaires ne sont pas d'origine organique, ainsi les tufs et les travertins sont des dépôts chimiques des eaux. D'autres calcaires semblent résulter de l'action de sels minéraux, solubles les uns sur les autres; cependant, on peut dire que l'action organique a été prépondérante, dans la majorité des circonstances.

Les calcaires sont des carbonates de calcium purs, ou mélangés à des matières siliceuses ou argileuses. On peut citer : les calcaires *terreux*, *grossiers*, *oolithiques* ou *pisolithiques*. On distingue deux sortes d'oolithes : tantôt le grain de calcaire est formé de lamelles concentriques entourant un noyau, tantôt c'est une vacuole creuse tapissée intérieurement de cristaux. Les calcaires *marneux* fournissant la *chaux hydraulique*, résultent du mélange de carbonate de calcium avec de l'argile. Lorsque la propor-

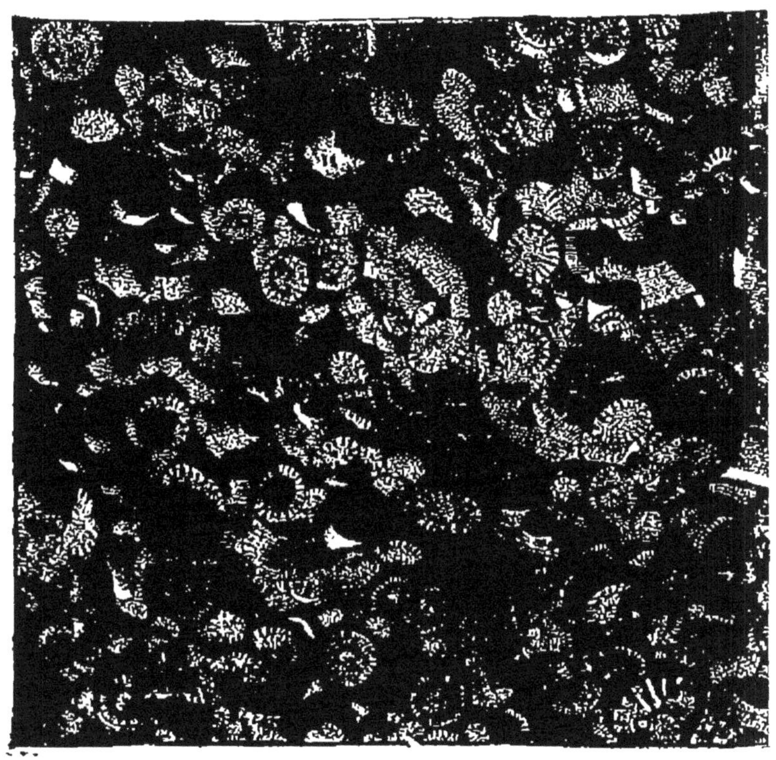

Fig. 81. — Calcaire à entroques.

tion de cette dernière est supérieure à 10 p. 100, le calcaire fournit du *ciment*. Le calcaire *lithographique* est caractérisé par un grain fin et homogène, une cassure plane. La *lumachelle* est une variété de calcaire formée par l'agglomération de petites coquilles d'Ostracés. Le calcaire à *entroques* est constitué par des articles de Crinoïdes et des baguettes d'Oursins (fig. 81).

La *craie* est une variété de calcaire friable, blanche, que le microscope montre comme formée d'un agrégat de coquilles de Foraminifères, de débris de Polypiers, d'Échinodermes, de Mollusques, associés à des restes siliceux de Radiolaires et d'Éponges (1).

La craie mélangée d'argile est *marneuse;* elle est *noduleuse*, quand elle est durcie par places, ce durcissement est dû à la magnésie, ou à l'acide phosphorique. La craie est *glauconieuse*, lorsqu'elle est mouchetée de grains de glauconie (voir p. 147).

On rencontre des calcaires formés uniquement par des carapaces de petits Crustacés d'eau douce.

Sous le marteau, certains calcaires exhalent une odeur fétide, due à un mélange de phosphamine et d'hydrogène sulfuré.

Les *marbres* sont des calcaires cristallisés. Les uns sont *saccharoïdes* ou *grenus*, d'autres *lamellaires*. Le mélange de matières bitumeuses, la présence de coquilles fossiles et d'infiltrations ferrugineuses leur donnent un aspect particulier.

Le magnésium peut s'associer au calcium, et engendrer les calcaires magnésiens ou *dolomies*. Ces roches sont *compactes*, *saccharoïdes* ou *caverneuses* et *cloisonnées*.

Les Diatomées, algues siliceuses microscopiques, se réussissent parfois en grande masse pour former une roche à grain fin, le *tripoli*, comme on en observe à Ceyssat en Auvergne.

Combustibles. — Les combustibles minéraux sont : la *tourbe*, le *lignite* et le *jais* ; la *houille*, l'*anthracite*, l'*asphalte* (produit d'oxydation du pétrole) et le *succin* (ambre jaune), qui est une résine fossilisée.

L'origine végétale des combustibles minéraux est

(1) Sur le squelette de tous ces animaux, voyez Gérardin, *Zoologie*, J.-B. Baillière, éditeurs.

mise hors de doute par le procédé d'analyse suivant :

Un mélange d'acide nitrique et de chlorate de potassium transforme le combustible en acide ulmique : l'ammoniaque dissout l'ulmate formé et met en liberté des débris de membranes végétales.

La plupart des *tourbes* se montrent en lits très minces, les éléments sont à peine comprimés, ce sont des débris végétaux, principalement des *Sphaignes*, des *Hypnum*, des *Carex*, mais les plantes *Phanérogames* peuvent aussi donner de la tourbe, que réunit une substance amorphe, résultant d'une décomposition complète de la matière végétale.

Les *lignites* sont formés de couches alternatives de matière compacte brune et d'une substance terreuse. Les feuilles de *Graminées* et les *Mousses* dominent dans le lignite, ainsi que des aiguilles de Conifères. Souvent, on y trouve des débris carbonisés semblables au fusain. Les variétés de *jais* sont constituées par des tiges ligneuses, où les espaces intercellulaires sont remplis de substance amorphe.

L'*anthracite* est composé de cellules et de fibres non déformées.

Les *houilles* sont disposées en bandes *alternatives* peu épaisses de *charbon brillant*, clivable, et de *charbon mat* contenant des fragments de fusain. Le charbon brillant montre des cellules d'écorce, des débris de feuilles, des tissus ligneux, associés à une substance amorphe. Dans le charbon mat, dominent les tissus foliaires, les membranes épidermiques, les spores (Voy. Chap. X).

Le *cannel-coal*, houille à gaz du Lancashire, est mat, riche en spores et caractérisé par des touffes filamenteuses qui ont dû appartenir à des Algues. Le *bog-head* est un charbon riche en huiles minérales, et dans lequel on trouve des débris d'algues d'eau douce. Dans le bassin houiller de Sarrebruck, on rencontre des couches de charbon, constituées par des matières animales, on y reconnait des écailles de Poissons.

Fossiles. — L'usage a prévalu de donner le nom de *fossiles* aux restes organiques contenus dans les terrains sédimentaires. On doit regarder les fossiles animaux comme ayant vécu dans le voisinage du point où on les observe, car il a fallu, étant donnée la facilité avec laquelle se brisent les organes solides des êtres vivants, que ces parties résistantes fussent protégées, par enfouissement, peu de temps après la mort, contre les causes de destruction auxquelles la présence à l'air libre les aurait exposées. Cela a pu arriver facilement aux animaux aquatiques d'eau douce, ou d'eau de mer, mais les animaux supérieurs terrestres n'ont été conservés que par exception, quand les cadavres venaient échouer au milieu d'alluvions, ou lorsque les animaux eux-mêmes s'engloutissaient vifs dans la vase des marécages, ou dans des précipices dissimulés par la neige.

Les Mollusques marins tels que les Huitres, ont pu être fossilisés en place. Pour les Céphalopodes à coquille cloisonnée, tantôt le test est tombé dans la vase du fond, tantôt remontée vide à la surface elle a perdu ses parties délicates, et les parties dures, seules, se sont conservées. Ce phénomène s'est produit pour les Échinodermes du type Oursin, dont les piquants plus solides sont tombés au fond, tandis que le test se brisait.

La *fossilisation* des végétaux a exigé des conditions toutes spéciales. Il a fallu que les organes fussent entrainés par l'eau et recouverts, au bout de peu de temps, d'une couche vaseuse protectrice. Les sources incrustantes ont joué aussi un rôle important dans la conservation des organismes végétaux, et des animaux inférieurs. La matière végétale, elle-même, a amené, parfois, la fossilisation des insectes. Ceux-ci, pris par la résine d'un arbre, ont été enveloppés par la substance sécrétée qui, plus tard, devenue fragment d'ambre, a conservé dans son intérieur, l'insecte tout entier.

Dans ce qui va suivre, sont résumées, uniquement, les observations de MM. Munier-Chalmas, Douvillé et de Lapparent sur les conditions de la fossilisation.

Pour qu'un corps organisé puisse devenir un fossile, il faut qu'il soit soustrait aux actions atmosphériques. La protection complète n'a lieu que dans des cas exceptionnels, comme cela se voit pour les Insectes retrouvés dans l'ambre, et les cadavres de Mammouths conservés dans les limons glacés de la Sibérie.

Les transformations moléculaires qui s'accompliront dans l'organisme, seront d'autant plus sensibles que sa composition propre offrira moins d'éléments déjà minéralisés. Ainsi, les animaux comme les Méduses, les Vers, les Tuniciers, offriront une moins grande résistance aux transformations que des Insectes ou des Crustacés, qui sont recouverts d'une carapace solide. Les ossements, les dents de Vertébrés, les coquilles calcaires ou siliceuses d'Invertébrés, seront plus faciles à conserver que les organes de ces animaux.

Pour les végétaux, il faut signaler la facilité avec laquelle se conservent les cuticules, dont on retrouve des débris intacts dans beaucoup de combustibles minéraux.

Les matériaux organiques enfouis dans la vase sont exposés à être écrasés par le poids de celle-ci, qui s'accumule sans cesse, mais les fragments déformés restent dans la situation qu'ils occupaient les uns par rapport aux autres. Fréquemment aussi il y a pénétration, par la vase, de tous les vides que laissait le fragment organique. Il se produit de la sorte un moule interne, en argile, qui représente la forme de l'organisme fossilisé. La matière qui a été vivante se décompose peu à peu, et une partie peut prendre la forme minérale, comme cela se voit pour les combustibles. Exceptionnellement, l'animal avant de se décomposer laisse son empreinte sur la vase. C'est ainsi que, dans une argile, on a trouvé l'empreinte complète d'une Belemnite, et, dans des schistes, des empreintes de plumes appartenant à un animal moitié Oiseau, moitié Reptile (1).

Comme il n'y a pas de dépôts dont l'imperméabilité soit absolue, l'eau, par imbibition, a altéré les coquilles. On trouve ainsi, dans certaines couches, des fossiles ayant conservé leur nacre, tandis que dans d'autres ils l'ont perdue complètement. En outre, sous l'influence de l'eau et de la chaleur, il s'est produit des accumulations moléculaires. Ainsi, très fréquemment, on observe que la surface ou l'intérieur d'une coquille, ou des fibres de végétaux, sont recouverts de pyrite. Ce minéral s'applique contre les parois du test, absolument comme s'il y avait été déposé par des procédés électro-chimiques. De toutes manières, le dépôt de pyrite est le résultat de réactions qui se sont opérées dans un milieu réducteur, et on peut supposer que la décomposition de la matière organisée y a contribué dans une certaine mesure. Il faut faire encore observer que l'accumulation de pyrite se fait, de préférence, sur le noyau initial de coquilles enroulées. Beaucoup de fossiles pyriteux ont subi une transformation ultérieure, et le sulfure est devenu de l'oxyde de fer hydraté.

(1) Voyez H. Girard, *Aide-mémoire de Paléontologie.*

Lorsqu'une argile est riche en calcaire, celui-ci tend à s'isoler de la masse et s'accumule en noyaux elliptiques aplatis, autour des corps organisés : c'est de cette façon que les moules des fossiles sont, dans certains terrains, plus durs que l'argile environnante.

Le carbonate ferreux forme de même des noyaux dont le centre montre l'empreinte d'une feuille, ou un fragment de squelette de Vertébré. Or, ce carbonate ferreux n'a pu se former que dans un milieu réducteur. Cette réduction a été faite à l'abri de l'air (sans quoi il se serait produit de l'oxyde ferrique) et est due, probablement, à la décomposition lente des organismes animaux.

Dans les roches perméables, comme les sables et les grès, la décomposition de la matière organique est complète, mais comme l'eau chargée de sels circule incessamment dans la roche, les matières animales, déjà partiellement minéralisées, telles que les os et les coquilles, subissent des transformations.

La texture spongieuse de l'os se perd, et son poids augmente, les coquilles disparaissent, et si le sable n'est pas argileux, on ne les retrouve guère qu'à l'état de moule interne, souvent recouvert d'un enduit ferrugineux. D'autres fois, on trouve les coquilles dans un état de décomposition que trahit leur fragilité.

Quand la roche est très riche en calcaire, la vase peut pénétrer les coquilles, et produire un moule interne d'une grande finesse, et, quand le test a disparu, on retrouve ce moule avec tous les détails permettant une détermination spécifique. D'autres fois, il y a enveloppement, et pénétration de la coquille par la vase calcaire, formation d'un moule interne, et d'un moule externe, la coquille subit alors divers changements. La décomposition du test amène la formation d'un vide, qui est parfois rempli par un dépôt de calcite. Dans le cas où il n'y a pas eu pénétration de la coquille par la vase, il y a formation d'un moule externe, dans lequel il suffit de couler du plâtre pour obtenir une reproduction exacte du test.

Il arrive, assez souvent, que la solidité du moule protège la coquille qui se conserve totalement, ou bien s'altère sous l'action chimique des eaux d'infiltration, celles-ci déposant fréquemment des incrustations dans les vides. L'aragonite est beaucoup moins stable, en pareil cas, que la calcite. Il existe des calcaires fossilifères qui montrent des coquilles dont les tests d'aragonite ont été détruits, ou simplement métarmophosés en calcite.

On rencontre aussi, dans les calcaires, des phénomènes de concentration moléculaire. Dans la craie, par exemple, la silice s'isole en amas tuberculeux, autour de corps organiques. Dans un grand nombre de ces roches, la silice s'est rassemblée sur les baguettes et les tests d'Échinodermes; il y a eu, souvent, une substitution moléculaire qu'a favorisée l'état d'organisation ou de cristallisation du calcaire des fossiles. La gangue demeurant calcaire, on a pu, en l'attaquant avec un acide faible, dégager complètement l'organisme et obtenir des parties très délicates, telles que l'appareil apophysaire spiralé de certains Brachiopodes (Munier-Chalmas).

Dans tous les cas, on observe que la silice forme, sur le test même des coquilles, des globules ou *orbicules* de calcédoine.

On remarque aussi, et c'est là un fait anciennement connu, que chaque baguette d'Oursin, transformée en calcite, possède une orientation cristallographique, l'axe principal de la calcite coïncidant avec l'axe longitudinal de la baguette. De même, si on casse un test calcifié d'Oursin, on constate une orientation uniforme de chaque plaquette. Or on sait que le test de l'animal est constitué par de petites lames calcaires qui se résolvent en un système de piliers et de canaux, et, dans une même lame, toutes les parties calcaires sont orientées de la même manière, comme le montre l'analyse optique. La calcite qui remplit les vides se conforme donc simplement à l'orientation des piliers qu'elle entoure.

Lorsque les structures organiques se sont trouvées en rapport avec des sources càlcaires ou siliceuses, la conservation s'est faite complètement. Le carbonate de calcium, se déposant sur les feuilles, tiges, ou branches de végétaux, forme des travertins ou des tufs et, lorsque la matière organique a disparu, il reste le moule externe, les cavités de la roche peuvent même représenter des moules d'Insectes dont on peut reconstituer la forme en y coulant du plâtre ou de la cire (Munier-Chalmas).

Quand la source était siliceuse, il y a eu substitution de la silice à la matière organique, la silice apparaissant sous forme de quartz, de calcédoine, ou d'opale. Cette substitution respecte, en général, les tissus organiques les plus délicats. Le phosphate de calcium joue souvent un rôle analogue. Les incrustations du phosphate opèrent un contre-moulage. Ainsi dans certaines phosphorites, on observe des moulages d'animaux obtenus ainsi : l'animal, extérieurement moulé par de l'argile, a laissé par sa décomposition un vide qui s'est rempli lentement de phosphate (Filhol).

On rapporte encore à l'étude des fossiles, les empreintes laissées par l'activité des êtres disparus, telles que les trous creusés dans les roches par les Mollusques lithophages, les tubes servant à l'entrée et à la sortie des Annélides, les traces de pas de Reptiles, d'Oiseaux, ou de Mammifères. La conservation de ces dernières est due à un phénomène exceptionnel : il a fallu, en effet, que la vase, après le passage de l'animal, fût immédiatement recouverte d'une couche de sable qui, se transformant en grès, a reproduit en saillie, sur sa face inférieure, les impressions creuses de la vase sous-jacente; des infiltrations ferrugineuses s'étant même souvent produites, les moules conservés ont gardé une teinte rougeâtre. D'ailleurs, ce phénomène n'est pas spécial au monde animal, on a retrouvé des traces laissées sur les dépôts arénacés par les mouvements des vagues, et certains dépôts argileux ont gardé l'empreinte des gouttes de pluie.

Roches exogènes.

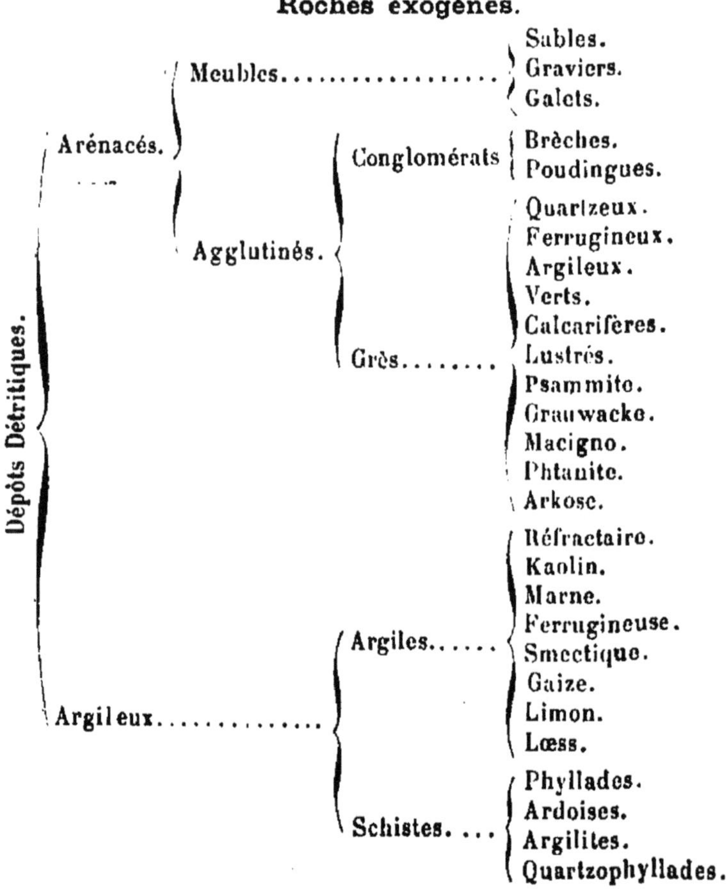

- Dépôts Chimiques
  - Meulière.
  - Geysérite.
  - Travertin.
  - Limonite.
  - Gypse.
  - Anhydrite.
  - Sel gemme.
- Dépôts Organiques.
  - Calcaires
    - Terreux.
    - Grossier.
    - Pisolithique.
    - Lithographique.
    - Marneux.
    - Lumachelle.
    - à Entroques.
    - Craie....
      - Marneuse.
      - Noduleuse.
      - Glauconieuse.
    - Marbre..
      - Saccharoïde.
      - Grenu.
      - Lamellaire.
    - Dolomie.
      - Saccharoïde.
      - Compacte.
      - Caverneuse.
      - Cloisonnée.
    - Tripoli.
  - Combustibles
    - Tourbe.
    - Lignite.
    - Jais.
    - Houille et variétés.
    - Anthracite.
    - Succin.

CHAPITRE VIII

ROCHES MIXTES.

Comme il est aisé de le comprendre, on entend par roches *de formation mixte*, ou *roches mixtes*, celles dont la consolidation s'est produite sous l'influence des agents externes et internes. Ce sont, d'abord, 1° des roches engendrées d'une façon analogue aux assises de matériaux projetés par les volcans en activité, on les nomme *tufs éruptifs ;* 2° les autres ont été produites par la transformation de sédiments primordiaux, sous l'influence de roches éruptives, on les appelle roches *métamorphiques ;* 3° enfin les roches *cristallophylliennes*, à la fois cristallines et stratifiées, dans lesquelles l'action métamorphique s'est ajoutée à des conditions très particulières.

Tufs éruptifs. — Les géologues donnent le nom d'*agglomérats éruptifs* à des roches qui sont constituées par des matières rejetées par d'anciens volcans, et, dans lesquelles, les éléments, après avoir subi l'action des agents atmosphériques, ont une apparence roulée.

De même, ils donnent le nom de *brèche éruptive* à des agglomérats dont les matériaux sont anguleux. Suivant les éléments qui la composent, une brèche est *basaltique*, *porphyritique*, *andésitique* ou *trachytique*.

Sous le nom de *tufs éruptifs*, on range des formations à grain fin, qui résultent de projections volcaniques, et dont la consolidation a eu lieu à l'air libre ou sous l'eau. Un grand nombre ont l'apparence sédimentaire et contiennent des fossiles.

On distingue, comme pour les brèches, des tufs *felsitiques*, *basaltiques*, *porphyritiques*, etc. Ces derniers ont joué un rôle important lors de la formation du terrain *houiller*.

Les *cinérites* sont des variétés de tufs à grain très fin.

Les tufs felsitiques contiennent une variété importante, les *argilophyres* ou *argilolithes*, tufs argileux formant transition entre les felsophyres, qu'ils accompagnent, et les roches détritiques, ils sont souvent bréchiformes, parfois rubanés, colorés en vert, violet, brun rouge (fig. 82). Les eaux siliceuses ont joué un grand rôle dans leur production, ce rôle est décelé par des veines de quartz, d'opale, et de calcédoine, qui sillonnent les argilolites.

Fig. 82. — Argilolithe (d'après Vélain).

Les *mimophyres* sont des roches à la fois détritiques et porphyritiques, ayant les caractères d'un schiste sédimentaire et d'un felsophyre.

On donne le nom de *tufs orthophyriques* à des roches

composées de fragments de quartz, de mica noir, d'orthose et d'oligoclase, réunis par une sorte de ciment de calcédoine (A. Michel Lévy).

Ces roches abondent dans le Morvan.

Souvent, des actions orogéniques comprimant ou disloquant les minéraux, facilitant la circulation des eaux thermales (phénomènes *dynamométamorphiques*), ont transformé les tubes porphyritiques en une roche verte, et en général, d'apparence schisteuse, constituée, en grande partie, par de la chlorite.

Lorsqu'un tuf porphyritique est formé de fragments de basalte cimenté par des carbonates, de la limonite, de l'opale ou de la calcédoine, on lui donne le nom de *tuf basaltique*.

Les *tufs palagonitiques* sont composés de fragments (*lapilli*) de verre basaltique, cimentés par diverses substances. Ils sont très basiques. On y rencontre à l'état cristallisé, de l'*augite*, de l'*olivine* et du *feldspath*.

On admet, aujourd'hui, que ces tufs ont été produits par des explosions successives, et que les matériaux projetés ont été altérés postérieurement au phénomène. Les explosions n'ont pas eu lieu toujours à l'air libre. On en retrouve, en effet, des fragments au centre de nodules de manganèse recueillis dans les grandes profondeurs de l'Océan Pacifique (A. de Lapparent). En outre, ils n'ont pas été formés exclusivement à l'époque actuelle; on les retrouve parfois dans des roches appartenant aux assises carbonifériennes de l'Écosse.

Les *wackes* sont des argiles résultant de la décomposition des basaltes, et formées de silicates d'alumine hydratés, les autres éléments ayant été entraînés à l'état de zéolites ou de carbonates.

Les *pépérites* sont des tufs bréchiformes d'Auvergne, caractérisés par l'association de fragments anguleux de basalte vitreux avec la hornblende et le mica noir (A. Michel Lévy). Souvent l'intérieur des pépérites est rempli de grains basaltiques et de calcaire; on y trouve aussi des coquilles d'eau douce (Gosselet).

Dans les monts Albains, près de Rome, on observe un tuf brun foncé, terreux, riche en cristaux d'argile, de mica, de leucite, avec fragments de laves et de calcaire : on le nomme *pépérino*.

Citons encore le *trass*, roche d'un gris jaunâtre formée d'une poudre ponceuse agglomérée;

Le *schalstein*, tuf de diabase, schisteux, imprégné de calcaire et de boue argileuse;

Certaines *arkoses* de Bretagne doivent être rangées parmi les tufs (Barrois). Leurs éléments, empruntés à des roches granitoïdes, ont été cimentés de nouveau par des produits de cristallisation ultérieurs, cristaux et microlithes de feldspath. Cela montre que les éruptions mélangeaient leurs produits à ceux des roches déjà rejetées.

Roches cristallophylliennes et métamorphiques. — Les roches cristallophylliennes servent de base à la série sédimentaire. Beaucoup d'auteurs les regardent comme provenant de la solidification superficielle d'un noyau de fusion ; d'autres les considèrent comme des roches métamorphiques, dont elles ne diffèrent pas, spécifiquement. Étant données les difficultés qui surgissent, lorsqu'on entreprend de séparer ces roches les unes des autres, il semble préférable de les décrire conjointement.

Gneiss. — Cette roche est un agrégat rubané des éléments constitutifs du granite. Il ne se distingue de celui-ci que par le parallélisme des lamelles de mica, et la forme lenticulaire des grains de quartz. L'analyse optique le montre comme entièrement cristallin.

Le quartz du gneiss contient des inclusions liquides moins nombreuses et moins grandes que celles du quartz des granites : acide carbonique condensé, ou, plus souvent, dissolution aqueuse de chlorures et de sulfates. Le plagioclase s'y associe à l'orthose. Le mica ne montre jamais de contours hexagonaux. Il semble que, d'abord disposé en lignes régulières, il ait été déplacé par la cristallisation du quartz et du feldspath. Très souvent, la cristallisation du quartz et celle du feldspath semblent avoir été simultanées ; il n'y a pas à faire, pour le gneiss, de distinction entre des éléments anciens et des éléments nouveaux.

Comme éléments accessoires on trouve dans le gneiss : le *grenat*, le *sphène*, la *tourmaline*, l'*épidote*, l'*apatite* et l'*oligiste*.

Beaucoup de géologues distinguent un *gneiss gris* et un *gneiss rouge*, celui-ci contenant des micas potassiques, plus riche en silice, moins compact, plus feuilleté que celui-là. Les uns le considèrent comme une modification schisteuse des granulites à mica blanc ; d'autres, comme des gneiss gris refondus et déshydratés (Scherer). M. A. Michel Lévy, après de nombreuses observations, pense que le gneiss rouge est le résultat d'une injection de granulite entre les feuillets d'un micaschiste ou d'un gneiss gris. Il est certain que beaucoup de massifs de gneiss rouge se relient intimement à des épanchements granulitiques. La facilité avec laquelle les granulites se chargent de quartz expliquerait la haute teneur en silice du gneiss rouge (de Lapparent).

Le gneiss gris forme toute la masse du terrain primitif. On le trouve, très net, en Écosse, en Scandinavie, dans le plateau central de France, etc.

La variété dite *gneiss granitoïde*, très difficile à distinguer du granite, montre des éléments dont l'orientation est confusément distincte. On l'observe dans les couches profondes du terrain primitif.

C'est elle qui forme la transition entre les formations internes et la couche solide.

Dans le *gneiss fibreux*, le feldspath forme des espèces de fibres allongées.

Le *gneiss œillé* est caractérisé par la concentration du quartz et du feldspath en lentilles. La cassure de ce gneiss montre, fréquemment, les fins lits de mica, séparés les uns des autres par des couches uniquement formées de quartz et de feldspath.

Les gneiss de Bretagne, à Pontivy, et dans le Finistère, ont leurs éléments constituants réunis par des prismes de fibrolite (1) (Barrois).

Le *gneiss à amphibole* est un gneiss gris, dans lequel l'amphibole se substitue au mica.

Le *gneiss chloriteux* ou *protoginique* est caractérisé par la substitution de la chlorite au mica.

Enfin il existe des *gneiss à cordiérite* et des *gneiss graphiteux*, dans lesquels la cordiérite ou le graphite dominent.

Le gneiss à cordiérite est plus rare que le gneiss graphiteux.

La variété de sa composition a fait donner au gneiss le nom de *protéolite*; son abondance dans les Cornouailles lui a valu aussi le nom de *cornubianite*. Toutefois on réserve cette dernière affectation à une roche métamorphique, qui doit au développement et à l'alignement de son mica un aspect de gneiss.

Enfin il existe une dernière classe de roches ayant aussi l'apparence des gneiss, ce sont des phyllades gneissiques.

Micaschiste. — Le micaschiste est formé de quartz et de mica biotite, en lits alternants. Le quartz est souvent lenticulaire, et sa proportion est variable. On rencontre, dans les micaschistes, le *grenat almandin*,

(1) La fibrolite est une variété de Sillimanithe.

le *feldspath*, la *tourmaline*, la *staurotide*, le *disthène*, l'*épidote*, la *chlorite*, le *talc*, l'*oligiste*, la *magnétite* et la *pyrite* ; quelquefois le micaschiste est riche en graphite.

Les intermédiaires avec le gneiss sont nombreux, beaucoup de micaschistes contiennent du feldspath ; d'autres, par perte du mica, font le passage aux quartzites.

Le passage du micaschiste au gneiss est extrêmement fréquent, et les formes de passage tellement nombreuses, qu'il est impossible de séparer les deux roches l'une de l'autre. Le quartz des micaschistes se montre, au microscope, riche en inclusions liquides ; des cristaux d'oligiste, de graphite, des microlithes aciculaires de staurotide, sont groupés autour des grains de quartz et des lamelles de mica.

En Saxe, en Styrie, au Massachusetts, et dans le pays de Galles, des paillettes de graphite remplacent le mica des micaschistes. Au Brésil (Minas-Geraes) et dans la Caroline du Sud, c'est l'oligiste qui se substitue au mica ; de là des roches particulières nommées *Itabirites*, et qui sont des micaschistes oligistifères.

Enfin, au contact des granulites, le micaschiste se charge de feldspath, à tel point qu'il est très difficile de le distinguer du gneiss franc. Cependant son quartz se montre lenticulaire, et les lamelles de mica apparaissent, au microscope, sur le prolongement des cristaux de feldspath.

Leptynite. — Cette roche est un mélange à grain fin d'orthose et de quartz : on y trouve souvent des cristaux disséminés de *grenat*, de *tourmaline* et de *mica blanc;* le plagioclase y est rare.

La couleur de la leptynite est claire.

Le quartz de la leptynite est granulitique, c'est

ce caractère qui sert à distinguer les *leptynites micacées* des gneiss.

La leptynite se charge parfois de *diallage*: elle devient alors foncée et semble compacte; l'analyse optique montre, seule, l'alignement des minéraux donnant la texture schistoïde.

Les leptynites du Plateau Central et des Vosges sont riches en petits cristaux trapézoédriques de grenat qui ressortent en rouge sur la roche blanche ou rose clair.

AMPHIBOLOSCHISTE. — L'*amphiboloschiste* est une roche à texture schistoïde; formée par l'association du quartz, toujours visible au microscope, et de la hornblende; parfois le feldspath apparaît aussi.

AMPHIBOLITE. – L'amphibolite ne contient que peu de quartz, l'amphibole y est réunie au fer titané, toujours, et soit au *pyroxène*, soit au *plagioclase*.

La hornblende est remplacée parfois par l'actinote. Tels sont les Amphibolites ou Schistes actinolitiques de la Loire-Inférieure. Quelques amphibolites sont riches en grenat.

PYROXÉNITE. — L'association du *plagioclase* au *pyroxène*, forme la *pyroxénite*. Cette roche s'observe intercalée entre les gneiss. Les pyroxénites de Roguédas (près de Vannes) contiennent du *quartz*, du *fer titané*, de l'*apatite*, de la *pyrite*, du *grenat* et de l'*idocrase*. Le pyroxène semble être la *diallage*; le plagioclase y est souvent transformé en *calcite* et *wollastonite* (silicate de calcium), qui forment une masse fibreuse dans laquelle est noyé le pyroxène vert clair. Dans d'autres pyroxénites, la *néphrite* et l'*actinote* dominent.

La roche de Roguédas était utilisée par les anciens Armoricains à la fabrication de haches, que l'on retrouve aujourd'hui, et que l'on décrivait comme instruments de jade.

Parmi les roches que l'on rencontre subordonnées au gneiss existent des associations de biotite et de plagioclase, abondantes en Bretagne (environs de Vannes).

Péridotites. —Ces roches, qui forment des couches subordonnées aux gneiss et aux micaschistes, sont formées de *péridot*, d'*augite*, et de *diallage* associés ; les couches de péridotites sont souvent accompagnées de serpentine.

Grenatite. — Le grenat, qui est très répandu dans les gneiss et les micaschistes, donne parfois naissance à de véritables roches, dont les principales sont la *grenatite* et l'*éclogite*. La *grenatite* est un mélange cristallin de hornblende et de grenat. Chaque variété de grenat peut donner lieu à une variété de grenatite. Quand le grenat manganésifère s'associe au mica magnésien, à l'oligoclase et à la fibrolite, la roche est dite *Kinzigite*. Le grenat rouge associé à l'augite et au péridot donne l'*eulyzite*.

Dans l'*éclogite*, le grenat est associé à un pyroxène vert clair, dit *omphazite*. On y observe aussi de la *hornblende*, du *disthène*, du *quartz*, du *zircon*, de l'*apatite*, de l'*oligoclase*, du *sphène*, de l'*olivine*, de la *smaragdite* et du *mica blanc*. Les éclogites de l'île de Groix, sur les côtes de Bretagne, ne contiennent pas d'omphazite ; ce minéral y est remplacé par une variété fibreuse et bleue d'actinote, nommée *glaucophane*. Les éclogites du lac de Grandlieu (Loire-Inférieure) et de Faye (Maine-et-Loire) renferment au contraire de l'omphazite.

Cipolins. — Les cipolins sont des calcaires cristallins, schisteux, micacés, talcifères ou chloriteux, dans lesquels les minéraux sont disposés en lits, comme dans le gneiss ; on y trouve, souvent, comme dans ce dernier, du graphite cristallisé.

Les cipolins forment parmi les gneiss des gîtes

lenticulaires, comme s'ils résultaient d'une concentration du calcaire en certains points. On observe en effet, comme au Simplon, que les gneiss sont quelquefois calcarifères. L'agglomération du calcaire est donc plausible. Les gneiss de l'Ariège renferment des cipolins riches en minéraux : *humite*, *tourmaline*, *spinelle*, *idocrase*, *corindon*, *zircon*, etc. (Lacroix). En Andalousie, les cipolins sont magnésiens et donnent naissance à des dolomies.

La forme de passage entre les cipolins et les micaschistes porte le nom de *calcschiste micacé*. C'est une roche formée de calcaire grenu avec *quartz* et mica. Le calcaire s'y montre lenticulaire, le mica y est blanc et potassique. L'analyse optique fait voir, dans le calcaire, la structure grenue et les stries qui, d'ordinaire, caractérisent la calcite, dans les marbres.

On donne le nom de *Calciphyre*, à une roche calcaire nettement métamorphique, qui montre, au microscope, au milieu de Foraminifères et d'autres organismes invisibles à l'œil nu, des cristaux d'albite de dimensions assez notables.

Pétrosilex. — Le *pétrosilex* est surtout formé de feldspath et de quartz avec un peu de mica. Les variétés de pétrosilex sont : la *corne*, résultant de l'action métamorphique de diabases sur des schistes anciens (cornes vertes et rouges du Beaujolais et du Lyonnais), et les *adinoles*, roches schisteuses, remplies de silicate de sodium, par contact avec des diabases. Il y a des adinoles feldspathiques où l'on peut rencontrer de l'orthose et du plagioclase, associés à l'épidote (Barrois).

Les cornes et les adinoles sont réunies ainsi aux amphibolites, et aux pyroxénites, mais elles sont unies aussi à ces calcaires devenus cristallins par métamorphisme, auxquels on donne le nom de *calcaires cornés*, et qui sont très riches en silicates tels que l'épidote, l'idocrase, le grenat, la wollastonite. Tel est par exemple le calcaire de Saint-Jacut (Morbihan). Il s'établit, ainsi, une transition entre les cornes et les cipolins, comme il en existe une entre les cipolins et les pyroxénites (A. de Lapparent).

QUARTZITE. — Cette roche est un agrégat cristallin et compact de grains irréguliers de quartz; quelquefois, de petites lamelles de mica, interposées entre les grains de quartz, donnent à la roche un aspect schisteux.

Le *grès flexible* du Brésil, nommé aussi et à tort *itacolumite*, est un quartzite micacé où les minéraux caractéristiques, le quartz, et le mica blanc, sont accompagnés de chlorite et de séricite, tellement abondantes que les plaques de la roche sont flexibles. L'analyse optique montre les couches de mica rubanées et fait voir, aussi, que ce mica est disséminé en paillettes hexagonales dans la masse quartzeuse. Les grains de quartz sont, par places, riches en inclusions liquides et en microlithes, des traces de feldspath s'y rencontrent.

En l'absence du mica, certains quartzites restent schisteux, et la schistosité est due à la disposition lamellaire des autres éléments.

En Norvège, on trouve des quartzites compacts formés de petits grains cristallisés de quartz juxtaposés sans ciment intermédiaire; dans cette masse cristalline, apparaissent de gros cristaux de feldspath ou de quartz, ce qui donne à la roche l'aspect des porphyroïdes (Voy. p. 174).

CHLORITOSCHISTES. — Ces schistes sont formés par une accumulation de lamelles de chlorite, ils renferment en même temps du *quartz*, du *feldspath*, du *mica* et du *talc*; souvent le microscope révèle de la magnétite, et parfois ce minéral est assez abondant pour que la roche constitue un minerai de fer.

Le grenat est commun dans les chloritoschistes.

Les *schistes à séricite* (talcschistes, talcites ou stéaschistes) sont analogues aux précédents, ils sont luisants, satinés, micacés au voisinage des granites; la *séricite* (mica hydraté, fluorifère) y est d'un vert jaunâtre.

La séricite peut être remplacée par de la margarite, de la chlorite, ou une variété de muscovite, la damourite. Les éléments accessoires sont le grenat, le disthène, le quartz, le feldspath.

Au Saint-Gothard, existe une variété de chloritoschiste, dite *schiste à paragonite*, dans laquelle domine un mica sodique hydraté, la *paragonite*. Ce schiste est tantôt blanc et soyeux, il renferme alors de beaux cristaux de staurotide, tantôt foncé avec un mica vert ou jaunâtre. Dans cette variété de chloritoschistes, les microlithes sont abondants.

Phyllades. — Ces roches sont des schistes durs de couleur foncée d'origine détritique, mais il y a eu cristallisation conjointe au dépôt. On y trouve, à l'analyse optique, des paillettes de quartz, un élément micacé, mica, chlorite ou séricite; de la staurotide et de la tourmaline; le minéral dominant y est le silicate d'aluminium, de là le nom d'*Argilites*, qu'on leur donne parfois.

Les phyllades fines et schisteuses forment les *ardoises*, souvent riches en magnétite. Les phyllades riches en quartz sont dites *quartzophyllades*; elles peuvent renfermer de l'oligiste. Parfois les phyllades peuvent se débiter en fragments parallélipipédiques; d'autres, à grain fin, sont très dures; dans certains cas, le métamorphisme a développé du glaucophane. La granulite, injectée entre les feuillets des phyllades, développe en eux du mica, de là des *phyllades granulitisées*.

Les phyllades granulitisées peuvent devenir identiques avec les gneiss granulitiques, mais on peut, toujours, en suivre la transformation à partir du schiste naturel. Quelquefois la roche granitique n'a agi que par les vapeurs, qui, sans doute, se dégageaient d'elle sous une haute pression. Alors, les matériaux des schistes encaissants se sont accumulés en nodules de silicate d'aluminium (*Schistes noduleux*) ou en cristaux de chiastolite (*macles*) et d'andalousite (*Schistes maclifères*). De sorte que l'on observe des roches à cristaux d'andalousite roses et diaphanes, d'autres à prismes noirs, d'autres micacées et sériciteuses avec prismes noirs d'andalousite, et toutes les formes de transition.

Le métamorphisme a pu produire des roches grenues, maclifères, rappelant la leptynite et auxquelles on a donné le nom de *leptynolites ;* elles dérivent de grès et de quartzites, par injection de feldspath.

En Bretagne et dans les Pyrénées, se rencontre une roche d'apparence stéatiteuse où par métamorphisme, ont pris naissance des dihexaèdres de quartz, puis du silicate d'aluminium, puis du quartz globulaire, puis enfin du quartz granulitique.

Porphyroïdes. — Dans les terrains anciens de l'Ardenne et d'autres régions, on rencontre des roches d'apparence stratiforme qu'on nomme *porphyroïdes*.

La porphyroïde de Mairus près de Laifour, dans la vallée de la Meuse, montre une pâte bleue, riche en *biotite*, *chlorite*, *séricite*, *calcaire*, *pyrrhotine* et *pyrite*, dans laquelle sont noyés des cristaux de *quartz hyalin* et de très gros cristaux d'*orthose* entourés d'*oligoclase*, on donne à cette roche le nom d'*Hyalophyre*. Dans l'Ardenne, beaucoup de porphyroïdes sont détritiques, il est probable que ces roches ont été produites par un métamorphisme, dû à l'injection d'éléments granitiques dans des couches schisteuses. On trouve, en effet, à Mairus même, à côté de porphyroïdes, des schistes francs avec gros cristaux d'orthose et de quartz identique à celui de la roche. Les observations faites sur les porphyroïdes du Harz et du Fichtelgebirge ont conduit la plupart des géologues à les regarder comme des roches métamorphiques.

Roches cristallophylliennes.

Éléments du granite. Quartz en grains allongés, lamelles de mica parallèles. GNEISS.....	Peu distinct du granite............	Granitoïde.
	Feldspath à aspect fibreux..........	Fibreux.
	Quartz accumulé en lentilles.........	Œillé.
	Amphibole au lieu de mica..........	à amphibole.
	Chlorite et pas de mica............	Chloriteux.
	Cordiérite..........	G. à cordiérite.
	du graphite........	G. à graphite.
Lits alternatifs de mica et de quartz lenticulaire.		Micaschiste.
Mélange à grains fins d'orthose et de quartz....		Leptynite.
Association schistoïde de quartz et hornblende.		Amphiboloschiste.
Amphibole, pyroxène, plagioclase, fer titané et quartz rare............................		Amphibolite.
Plagioclase et pyroxène....................		Pyroxénites.
Péridot et diallage.......................		Péridotites.
Hornblende et grenat......................		Grenatites.
Grenat et pyroxène omphazite............ ...		Éclogite.
Calcaire micacé, schisteux, talcifère. Minéraux en lits alternatifs..........................		Cipolins.
Feldspath, quartz et mica rare..............		Pétrosilex.
Grains de quartz irréguliers. Mica rare. Aspect schisteux..............................		Quartzites.
Chlorite, feldspath, mica, talc..............		Chloritoschistes.
Feldspath, mica, séricite..........		Schistes à séricite.
Schistes détritiques dans lesquels ont cristallisé quartz, mica, chlorite staurotide et tourmaline. PHYLLADES	Quartz très abondant..........	Quartzophyllades.
	Schistosité très marquée.......	Ardoises.

CHAPITRE IX

GITES MÉTALLIFÈRES.

Définition. — On entend par *gîtes minéraux*, les dépôts d'où l'on peut extraire des substances utiles. Lorsqu'on peut tirer de ces gîtes des matières fournissant des métaux usuels, on les dit *métallifères*.

Les métaux des gîtes se rencontrent à l'état *natif*, ou bien combinés à l'oxygène, ou à des oxacides, ou encore à l'état de composés binaires (arséniures, sulfures, chlorures, fluorures). Ils forment alors des *minerais* toujours disséminés dans des matières terreuses ou pierreuses, la *gangue*.

Les principaux types de gîtes minéraux sont :

Les *gîtes stratifiés,* intercalés entre les couches du terrain encaissant.

Les *gîtes en amas*, qui, à la jonction de terrains divers, forment des masses dont le mode de production est parfois difficile à expliquer.

Les *gîtes en filon*, qui remplissent des fentes de l'écorce terrestre, le plus souvent indépendantes de la stratification des terrains qu'elles traversent.

La description des gîtes stratifiés, rentre dans celle des terrains dont ils font partie ; les gîtes en amas sont, le plus souvent, des variétés des gîtes en filon, aussi n'est-il pas nécessaire de leur donner une place à part.

Il faut étudier dans les gîtes, la *fente* produite par les dislocations de l'écorce, et le *remplissage* de cette fente, la manière dont les minéraux ont été amenés et déposés.

Les fentes bien définies sont les *filons*. L'*inclinaison* des filons se rapproche le plus souvent de la verticale, mais il en est parfois autrement, si le terrain a subi, ultérieurement, des bouleversements.

On donne le nom d'*épontes* aux parois du filon ; celle qui par défaut de verticalité s'appuie sur l'autre est le *toit*, la seconde est le *mur*. Le corps du filon, est souvent séparé du toit par un dépôt de matières argileuses ou détritiques, la *salbande*. Lorsque les épontes offrent des parties striées et polies, elles prennent le nom de *miroirs*. L'orientation de l'horizontale, en chaque point, est la *direction*.

L'*inclinaison* est l'angle que fait la ligne de plus grande pente avec l'horizontale. L'épaisseur, comptée normalement d'une éponte à l'autre, est la *puissance* du filon ; au delà de 60 mètres de puissance, les filons perdent leur régularité et deviennent des *gîtes en amas*.

L'orientation moyenne d'un filon est constante, sur une assez grande longueur, surtout si le terrain encaissant ne change pas. Mais s'il y a rencontre avec un autre filon, le plus ancien se trouve séparé en deux tronçons. Il se produit une brusque interruption du premier qui vient se heurter au second, et l'un des tronçons est rejeté en avant ou en arrière.

Les filons métallifères sont rarement isolés : en outre ils ne se rencontrent que dans certaines régions, où ils forment des séries des cassures qui s'enchevêtrent les unes dans les autres ; c'est ce qu'on appelle un *champ de fractures*. En France ces champs de cassures s'observent bien aux environs de Vialas (Lozère) et de Pontgibaud (Puy-de-Dôme).

D'après les expériences de M. Daubrée, ayant pour but de reproduire ce phénomène, on est conduit à penser que les fentes des filons ont été le résultat de mouvements de torsion auxquels a été soumise l'écorce terrestre, dans des points où une cause profonde faisait dévier les efforts de la dislocation. Cette conclusion semble d'autant plus admissible, que tous les champs de fractures remarquables, du moins ceux qui donnent lieu aux véritables filons concrétionnés, sont concentrés dans des terrains primitifs ou des schistes anciens, c'est-à-dire dans des massifs dont la consolidation remonte à une haute antiquité. Or, quand les efforts de dislocation qui, à diverses reprises et suivant des directions variables, ont troublé l'équilibre de l'écorce terrestre, venaient buter contre les parties avancées de ces zones résistantes, il est naturel qu'ils y aient fait naître quelque chose d'analogue à une torsion (A. de Lapparent).

Le remplissage d'une fente a pu se produire de trois manières : 1° par injection directe; 2° par sublimation ; 3° par circulation d'eaux minérales.

Les deux premiers modes semblent devoir se rapporter au troisième qui est lui-même très complexe.

Il a dû arriver, dans certains cas, au moins, que des roches éruptives envahissant les fentes, amenaient avec elles des matières métalliques qui, plus tard, s'en sont séparées. Mais la manière dont s'est opérée la séparation ramène ce mode de remplissage au troisième.

Il n'y a pas d'exemple connu de sublimation par voie sèche, les métaux paraissent avoir été entraînés dans l'eau ou sa vapeur. C'est là un phénomène qui se rapproche de l'activité actuelle des sources chaudes.

Dans le troisième cas, les substances minérales sont venues de l'extérieur ou de l'intérieur, souvent aussi des deux milieux à la fois. Elles ont pu être prises à la roche avoisinante, de là deux sortes de gîtes : ceux-ci d'*exsudation*, ceux-là d'*émanation*, lorsque le remplissage était dû à des matières venant de l'intérieur. On distingue :

1° Les *gîtes d'émanation directe.* — Ceux pour lesquels le remplissage a été consécutif de la production des fentes, et résultant des émanations d'une roche, dont l'éruption était la cause première de la formation de la cassure. Les gîtes *stannifères* représentent bien cette catégorie.

2° Les *gîtes de départ.* — Ce nom est réservé aux gîtes où le minerai s'est aggloméré en amas dans des parties d'une fente qui avait été préalablement remplie par une roche éruptive. La plupart des gîtes *cuprifères* rentrent dans ce cas.

3° Les *gîtes concrétionnés.* — On appelle ainsi, d'après Élie de Beaumont, les gîtes où les minerais et leur gangue se sont déposés avec lenteur par suite d'une circulation de vapeur d'eau, ou d'eau liquide incrustant des matières dissoutes sur les parois de la cassure.

Les matériaux sont alors concrétionnés comme les stalactites des grottes et ne prennent la forme cristallisée qu'au centre du filon, là où il existe des cavités béantes, des *druses.* A cet ordre appartiennent les *gîtes plombifères.*

Entre ces trois catégories de remplissage existent, bien entendu, toutes sortes d'intermédiaires.

Gites stannifères. — Le seul minerai d'étain est le bioxyde d'étain ou *cassitérite* qui cristallise dans le système quadratique. Les cristaux de cassitérite présentent souvent un mode caractéristique (Voy. fig. 13, p. 26).

D'après M. Daubrée, les caractères généraux des gîtes stannifères sont les suivants :

Tout filon de minerai d'étain est composé d'une série de veines de quartz, on rencontre le plus fréquemment avec ce minéral, des composés fluorés : le mica des gîtes stannifères est toujours riche en fluor, la *topaze* et une de ses variétés, la *pyc-*

nite (1), l'*apatite*, la *fluorine* et les *fluophosphates* d'aluminium accompagnent le minerai d'étain; la *tourmaline* y est aussi très fréquente, ainsi que le tungstate de fer et de manganèse (*Wolfram*) et le *mispickel*. En outre un très grand nombre d'amas stannifères sont en rapport avec des gisements de kaolin, et accompagnés de granite à mica blanc (Voy. p. 97).

Il semble donc qu'on est autorisé à regarder l'étain comme venu au jour avec cette roche, sous l'action d'un minéralisateur actif comme le fluor. On connaît la stabilité du fluorure d'étain, il est donc possible que le métal soit arrivé à l'état de fluorure, et comme le silicium et le bore se montrent toujours avec le fluor, la présence de l'oxyde de silicium et de bore serait ainsi explicable. D'ailleurs on obtient de petits cristaux de cassitérite en faisant agir à température élevée la vapeur d'eau sur le chlorure d'étain, composé analogue au fluorure d'étain (Daubrée). Cependant, dans nombre de gîtes stannifères, les minéraux fluorés sont moins en rapport avec la cassitérite qu'avec la *blende*, la *chalcopyrite* et le *mispickel*, et le quartz environnant, riche en inclusions liquides, semble déceler ainsi une origine aqueuse. De cette façon, l'étain serait, comme presque tous les métaux, venu de la profondeur à la suite d'émanations sulfureuses et le fluor n'aurait pris qu'une part indirecte à la minéralisation (Lodin). Néanmoins, l'absence de feldspath dans la roche avoisinante, les pseudomorphoses d'orthose en cassitérite, assez fréquentes dans les gîtes, rendent probable l'intervention d'un agent chimique très puissant tel que le fluor.

Les *filons titanifères* ont une étroite parenté avec les gîtes d'étain. Le caractère de ces filons est la

(1) La pycnite est une topaze bacillaire.

présence du *rutile*, de l'*anatase* (fig. 83) ou de la *brookite*, les trois formes de l'oxyde de titane. Les minéraux satellites de l'oxyde sont : le *quartz*, l'*orthose adulaire*, l'*albite*, la *chlorite*, le *sphène*, l'*apatite*, la *fluorine*, *la tourmaline* et l'*axinite*, révélant l'action du bore et du fluor dans la formation de ces gîtes.

Aujourd'hui, les Indes et l'Australie fournissent à

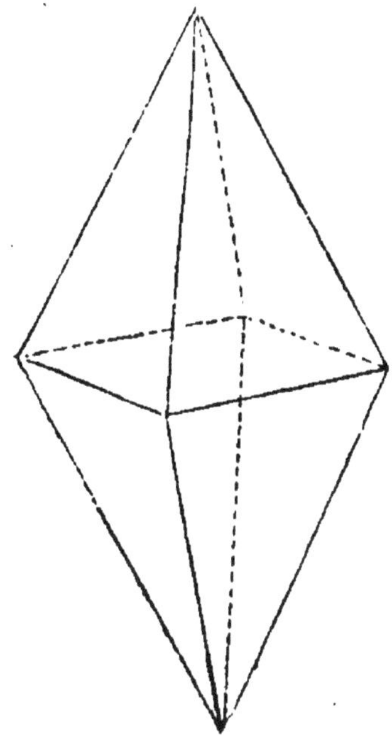

Fig. 83. — Anatase.

l'Europe une bonne partie de l'étain qu'elle emploie. D'après Reyer, l'Angleterre a fourni, en 1883, 9 307 tonnes d'étain, dont 9 262 pour le Cornouailles et 44 pour le Devonshire. La nouvelle Galles du Sud a produit dans la même année 15 268 tonnes ; la province de Vicrona, 94 ; Queensland, 27 212. En 1880, la presqu'île de Malacca a donné 5 444 tonnes. Bangka en 1881, 4 339 tonnes (fig. 84) et Blitong 4 735.

Gîtes cuprifères. — Les minerais de cuivre sont :

1° Le cuivre natif, très rare ;

2° des carbonates, la *malachite*, l'*azurite* ;

3° des sulfures purs, la *chalcosine* (fig. 85 à 87), la *chalcopyrite* (fig. 88 à 90) ;

4° des sulfures impurs, dits *cuivres gris*, contenant

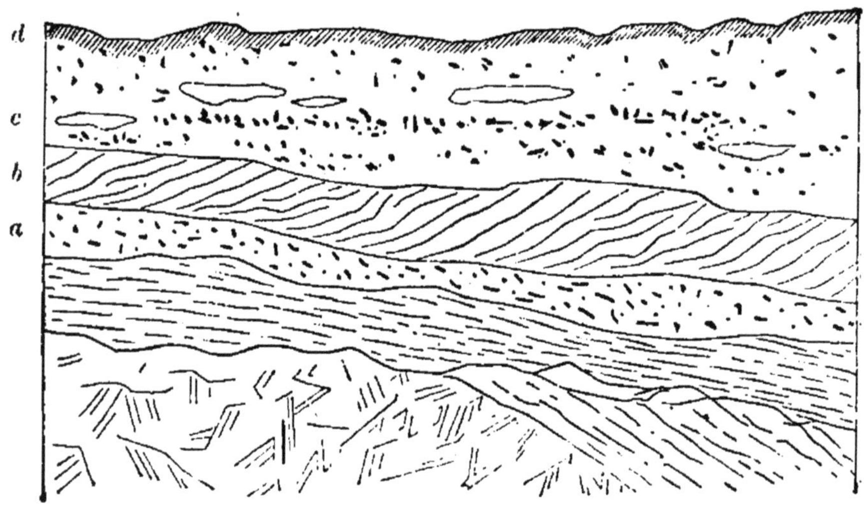

Fig. 84. — Gisement de Bangka. — 1, granite. — 2, schistes, métamorphiques ; *a*, gisement d'étain ; *b*, sable grossier ; *c*, argile ; *d*, sable grossier et sable fin avec un peu de minerai.

avec le cuivre de l'arsenic, de l'antimoine, du fer, et même de l'argent.

Les gîtes cuprifères sont, pour ainsi dire, la contre-partie des précédents ; ils sont en rapport avec des roches basiques, tandis que les gîtes stannifères sont en relation avec des roches acides. Les trapps, les mélaphyres, les diabases, les gabbros, les diorites et les serpentines semblent avoir été habituellement les voies qui ont amené au jour les minerais de cuivre. Les gîtes se présentent en amas, et le minerai s'est accumulé en masses lenticulaires au contact de la roche éruptive et du terrain environnant.

Le minerai accompagnant une roche basique, il est aisé de le comprendre, n'est pas un oxyde. C'est à l'état de sulfure que l'on trouve le cuivre. Toutefois, la partie supérieure des gisements, exposée à

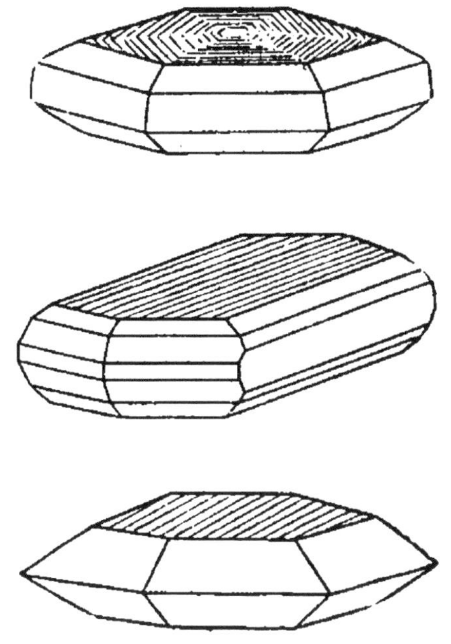

Fig. 85, 86, 87. — Cristaux de chalcosine.

l'action des eaux et venue à l'affleurement avec la vapeur d'eau, montre des oxydes, entre autres la *limonite* ou *hématite brune* (oxyde de fer hydraté). C'est la présence de cet oxyde qui a fait donner à cette couche superficielle le nom de *chapeau de fer*.

On peut distinguer, pour le cuivre :

1° Les gîtes dans les roches éruptives, comme les amas de chalcopyrite d'Italie et de Corse (mines de Monte-Catini, Monte-Calvi, etc.).

2° Les gîtes cuprifères en rapport de contact avec

des roches éruptives : tels sont les filons de l'Oural, filons de contact entre des diorites et des syénites avec des calcaires. Ils renferment de la chalcopyrite, avec de la magnétite ou de la pyrite de fer. Superfi-

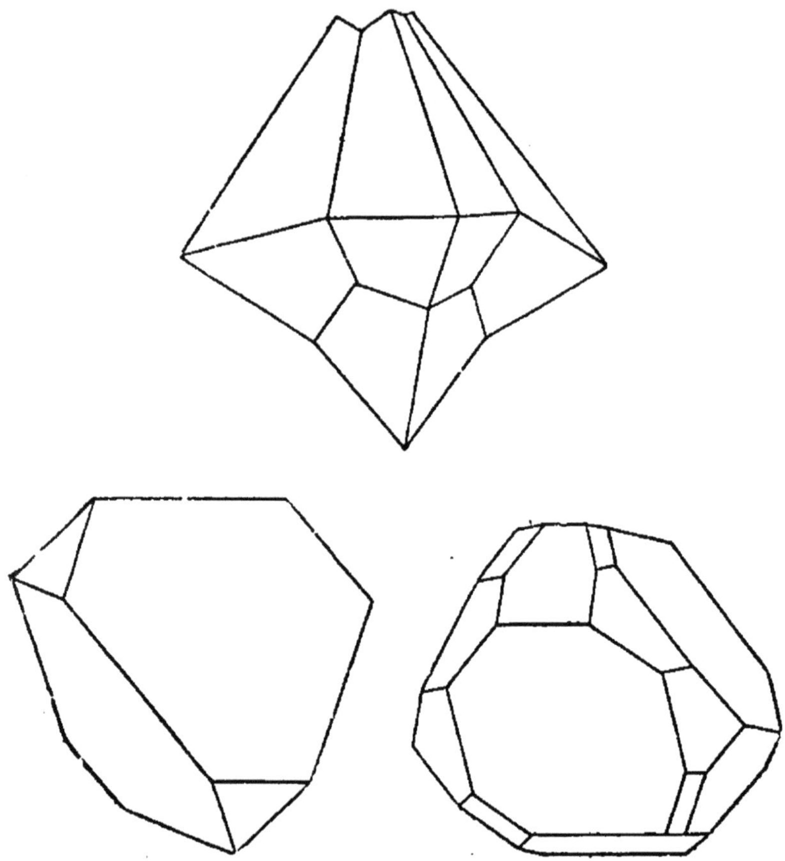

Fig. 88, 89, 90. — Cristaux de chalcopyrite.

ciellement, les minerais sont oxydés et accompagnés d'une petite quantité de cuivre gris ; il arrive fréquemment, qu'en ces points, le cuivre ait subi une action de la part des eaux superficielles et se soit accumulé sous forme d'oxyde ou de carbonate dans des poches argileuses devenues très riches. (Mines de

Bogoslowsk, de Nijni-Taguil, et d'Ekaterinenbourg).

3° Les gîtes filoniens, qui sont extrêmement nombreux. Le cuivre s'y rencontre sous forme de chalcopyrite à gangue quartzeuse, avec galène, blende, etc. et parfois des métaux précieux comme l'argent. On trouve encore dans ces gîtes le cuivre sous trois autres formes : pyrite de fer cuivreuse ; cuivre gris à gangue de fer carbonaté ; et cuivre natif, qui se présente accompagnant des oxydes dans les parties supérieures du filon. Il existe des gîtes, comme ceux du Lac Supérieur, où l'on n'exploite, en profondeur, que du cuivre natif, avec gangue de calcite.

Les gîtes de la troisième catégorie sont exploités en Norvège, en Suède, dans le Tyrol, en Espagne (Rio-Tinto, Sierra Nevada), en Algérie etc.

4° Les gîtes sédimentaires. Cette forme de gîtes est fréquente pour le cuivre. Certaines combinaisons du cuivre sont très solubles (le sulfate, par exemple) et la présence de matières organiques, ou des dégagements hydrocarbonés suffisent pour les réduire et en précipiter le métal à l'état de combinaisons insolubles. Il s'est ainsi produit, dans certains bassins marins, des solutions étendues de cuivre qui ont laissé déposer de minces couches de sulfure. Le gîte cuprifère de Rammelsberg, dans le Harz, est un type de ce genre (fig. 91); en Russie, en Bohême, dans le Caucase, on rencontre des gîtes cuprifères de cette catégorie.

Filons plombifères. — Les minerais de plomb sont la *galène*, et les *carbonates de plomb*.

Un grand nombre de galènes sont argentifères, et il semble que la richesse en argent d'une galène soit en rapport avec une roche avoisinante, calcaire ou abondante en pyrites.

Les carbonates sont toujours issus des sulfures

de plomb par actions secondaires, ils sont moins estimés, car leur teneur en plomb est sensiblement inférieure ; ils sont toujours pauvres en argent.

Les filons plombifères ou *concrétionnés* offrent à considérer des fentes, dans lesquelles les gangues et les minerais forment des zones parallèles aux parois, et dans lesquelles la matière concrétionnée est implantée normalement et symétriquement à celles-ci.

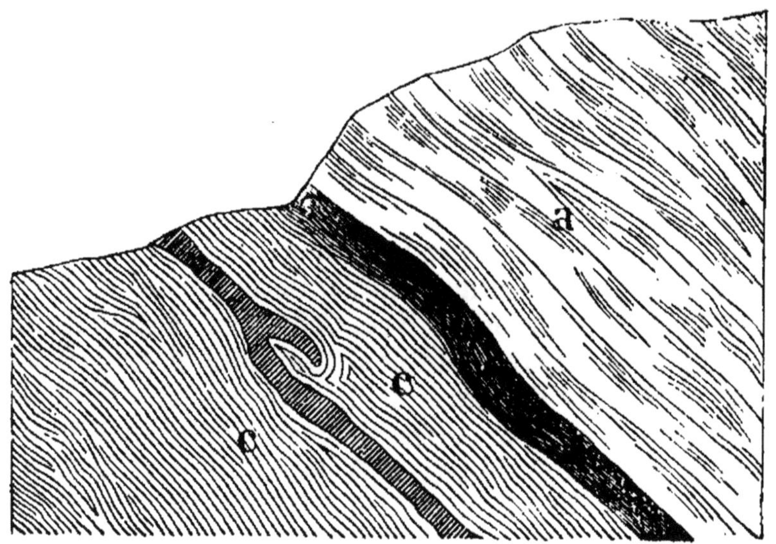

Fig. 91. — Gisement du Rammelsberg (d'après Virumer) ; *a*, grès ; *bc*, schistes ; *d*, gisements.

On rencontre, parfois, dans l'intérieur du filon, des *druses* où les cristaux ont pu développer leurs faces. L'intérieur contient souvent des morceaux de roche des parois et ces fragments sont revêtus de couches concentriques de minerai et de gangue.

On peut supposer que les eaux minérales, passant dans ces fentes, y déposaient les matières qu'elles tenaient en suspension ou en dissolution jusqu'à ce que l'intervalle fût comblé. Souvent, on rencontre des druses cristallisées qui ont été ultérieurement remplies. C'est ainsi que certains cristaux de quartz ont gardé l'empreinte cubique de cristaux de fluorine sur lesquels ils s'étaient moulés. D'autres fois, le filon constitué s'est disloqué, une fente nouvelle s'est ouverte et un nouveau système de fentes est venu contrarier l'ancien.

Les filons de plomb sont assez abondants en France. Ce sont surtout des filons à gangue de quartz et qui paraissent assez anciens. Tels sont ceux de Pontpéan et de la Touche (Ille-et-Vilaine), du Huelgoat et de Poullaouen (Finistère), de Pontgibaud (Puy-de-Dôme), de Vialas (Lozère). On les retrouve en Espagne, en Allemagne, en Autriche, en Sibérie, etc. ; on observe, dans ces filons, que la galène est associée à la blende, à la barytine, et à la pyrite de fer. Les filons à gangue barytique sont moins abondants ; tels sont ceux d'Aurouze (Haute-Loire), de Marvéjols (Lozère), etc.

Outre les filons, on trouve encore des gîtes de plomb dans les calcaires (Suède, Cumberland, Carniole, Colorado, etc.)

Enfin il existe des gîtes sédimentaires, à Saint-Avold, en Espagne, en Silésie.

Filons argentifères. — On distingue deux catégories de minerais d'argent :

1° les minerais d'argent proprement dits ;

2° les minerais complexes, où l'argent n'est qu'un élément minéralogique secondaire.

1° *Minerais proprement dits.* — Argent natif ; minerais sulfurés (*Argyrose*) ; argents noirs (*Sulfo-antimoniures*) ; argent rouge (*Argyrythrose*).

Les minerais d'argent proprement dits se rencontrent constamment en filons, on les divise en deux catégories. Dans la première, on range ceux qui ont une gangue de calcite ; dans la seconde, ceux qui ont une gangue de quartz.

1re *catégorie.* — Dans un nombre notable de gisements, l'argent semble contracter une affinité remarquable pour la chaux. A Freiberg, à Annaberg, à Joachimsthal, on trouve de véritables minerais d'argent avec une dolomie d'origine récente. On a rencontré, dans la mine de Himmelfurth, avec la dolomie, de l'argent rouge, de l'argent antimonial, et de l'argent sulfuré, le tout formant un amas d'une grande puissance.

En France, à Vialas (Lozère), le remplissage des filons argentifères est accompagné de calcite et de barytine.

Dans l'état de Nevada (Amérique du Nord), les carbonates de plomb, que l'on trouve dans des calcaires très anciens sont riches en argent. Il en est de même au Colorado.

On doit ranger, encore, dans les minerais d'argent de la première catégorie, ceux de Kongsberg (Norvège), de la Sardaigne, de Chalanches (Isère) et aussi ceux du Chili et du Mexique.

2e *catégorie.* — Les filons à gangue quartzeuse sont très développés dans certaines régions de roches acides d'origine assez récente.

Le gisement de Schemnitz (Hongrie) est à ce point de vue l'un des plus remarquables.

En Amérique, les filons du Mexique et du Pérou; en Australie, ceux de Broken-Hill doivent être rangés dans cette catégorie.

2° *Minerais complexes.* — Certains minéraux renferment une quantité très notable d'argent. Tels sont la galène (Voy. *Plomb*, p. 185), la blende (minerai de zinc) et les pyrites de cuivre.

Certaines de ces dernières ne sont exploitées qu'à cause de leur teneur en argent. Les cuivres gris (sulfure de cuivre avec arsenic et antimoine) sont très fréquemment argentifères.

Gites aurifères. — Les gisements aurifères sont filoniens ou sédimentaires. Il existe certaines roches, des granulites, des trachytes, des diorites et des serpentines qui contiennent de l'or, mais ce métal n'est pas en quantité suffisante pour donner lieu à une exploitation de ces roches.

Les *gîtes aurifères* sont rares en Europe.

Filons aurifères. — L'étude des filons de Caratal au Vénézuela et du Comstock lode, dans l'État de Nevada (Amérique septentrionale), permet de donner une idée de la manière dont est venu ce métal.

Au Vénézuela, l'or se trouve dans des filons de quartz qui se subdivisent en trois zones.

La zone supérieure renferme des pépites et des paillettes perdues dans un quartz fendillé, tacheté de rouille, et présentant des cavités remplies de limonite.

La zone moyenne est pauvre.

La zone profonde est abondante en cristaux de pyrites aurifères.

Les gisements sont en rapport avec une roche dioritique compacte. Il semble que l'on doive conclure de là, que l'épanchement de diorite a été accompagné d'or et de fer à l'état de sulfure et qu'à la partie supérieure du filon, là où le fer passait à l'état d'oxyde, ce métal s'isolait, de sorte que le gisement d'or natif serait le *chapeau de fer* d'un filon de pyrite aurifère.

Il est possible, aussi, étant donnée l'instabilité du chlorure d'or, que des eaux chlorurées aient joué un rôle dans le dépôt d'or à l'état natif.

Le Comstock lode (fig. 92) est aussi un filon de quartz en contact avec une diorite, et une diabase. Le filon, large de 300 mètres à la surface, s'amincit en V dans sa profondeur, et les épontes sont des veines de quartz pauvre. On trouve, dans ce gîte, plusieurs minerais de métaux précieux : du sulfure d'argent, de l'argent et de l'or natif, du sulfure de plomb (galène), du sulfo-antimoniure d'argent. Les parties les plus productives sont au contact de la diabase, et le gisement est surtout aurifère au voisinage de la diorite. Les portions les plus riches forment des amas lenticulaires au milieu du quartz.

Chaque amas est un morceau altéré de la roche devenue argileuse et pénétrée de minerais. D'ailleurs, dans toute la région, les roches sont dans un état remarquable de décomposition. Les feldspaths sont altérés et passent à la calcite ; l'augite, le mica, la hornblende, sont transformés en chlorite, même en épidote. Enfin les eaux qui parcourent le Comstock-lode sont à une température élevée, et chargées d'hydrogène sulfuré. Il n'est pas douteux que l'activité volcanique ne soit la cause de ce phénomène, et l'on peut supposer aussi que cette même cause, par l'épanchement des roches et les émanations solfatariennes qui l'ont accompagné, est le principe du remplissage du filon et de l'altération des diorites, diabases et andésites encaissantes.

Les filons aurifères se rencontrent encore dans l'Oural. Dans le Piémont, on trouve des gisements d'une pyrite aurifère ; dans le pays de Galles, on exploite un quartz aurifère ; en Norvège, on exploite des filons de pyrite de fer et de chalcopyrite, avec or natif.

Des filons se retrouvent encore dans l'Uruguay, à Panama, en Australie et en Nouvelle-Zélande.

Les quartz aurifères ont été exploités en Californie. Au Mexique, on trouve des filons de quartz aurifère, et des filons de chalcopyrite aurifère ; au Chili, au Pérou, les filons se retrouvent ainsi qu'au Brésil.

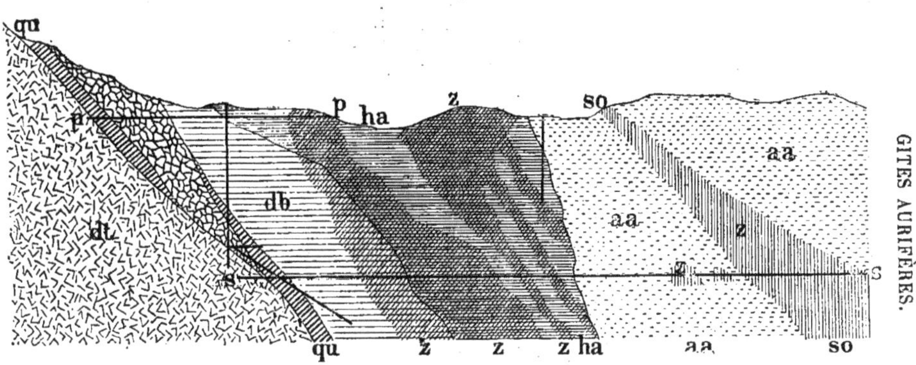

Fig. 92. — Filon de Comstock; *dt*, diorite, *go,si*, or et argent; *db*, diabase; *ha*, andésite à hornblende; *aa*, andésite à angite; *r*, parties décomposées; *so*, parties décomposées, ancien filon de Solférino; *ss*, tunnel de Sutro; *pp*, tunnel de Polosi.

L'Australie et la Californie renferment aussi des *placers* très riches. Les principaux gisements sont dans des alluvions recouvertes par une épaisse nappe basaltique : l'or s'y trouve en *paillettes* et en *pépites*. C'est en Australie qu'ont été trouvées les plus grosses pépites : le quartz, le diamant, la topaze, le saphir, la tourmaline, se trouvent dans les gisements aurifères.

En Hongrie, et en Transylvanie, on trouve aussi des filons aurifères qui se rapportent au type californien. En Transylvanie, le métal est natif ou combiné au tellure.

Les tellures d'or et d'argent se trouvent aussi au Colorado. Les plus importants sont la *petzite*, la *sylvanite*, la *calavérite*. On a remarqué que les filons sont dans la roche elle-même, une dacite, ou dans un conglomérat de l'ère tertiaire et, dans celui-ci, la richesse en minerai est d'autant plus grande que les filons sont mieux enfoncés dans la roche et que le quartz de celle-ci est en plus gros blocs.

Sédiments aurifères. — L'or contenu dans un terrain sédimentaire provient du remaniement de gisements antérieurs, ou s'est précipité pendant le dépôt du terrain. Le premier cas, le plus fréquent, est celui des alluvions aurifères de Californie, d'Australie et du Transvaal. Cependant il semble que, dans certaines couches, la pyrite aurifère et même l'or massif ont cristallisé pendant le dépôt de la couche même.

Quoiqu'il en soit, on range parmi les dépôts d'or sédimentaire certaines couches du terrain primitif (gneiss aurifère de Sibérie et des Alleghanys). En Georgie, dans la Caroline du Nord, on a exploité des schistes aurifères amphiboliques.

Au Brésil, la roche aurifère est très nettement sédimentaire, et d'origine ancienne, de même pour les poudingues aurifères de la Tasmanie, du Queensland, de l'Inde et du Transvaal.

Dans des couches plus récentes, on a signalé à la terre de Van Diémen, l'or dans une couche de charbon.

Aux époques plus récentes encore, les grands dépôts aurifères de la Californie et de l'Australie se présentent sous forme d'alluvions et de placers.

Au Transvaal, l'or est sédimentaire, on le trouve dans des conglomérats qui constituent des bancs disloqués et discontinus appelés *reefs*. Ces conglomérats sont formés tantôt de galets de quartz assez petits et cimentés par une pâte siliceuse et ferrugineuse, tantôt de galets issus de quartz et de granite. L'or, irrégulièrement reparti, se trouve dans la gangue plutôt que dans les galets. Le métal semble provenir de pyrites aurifères que l'on trouve actuellement dans la profondeur. Cette pyrite est un des éléments de la formation sédimentaire du conglomérat et empruntée à des terrains préexistants détruits par les eaux. La pyrite étant plus friable que le quartz a donné la pâte à grains fins du conglomérat, laquelle se trouve ainsi plus riche en métal.

Enfin les alluvions aurifères peuvent être rangées parmi les dépôts d'or sédimentaires. Ces alluvions sont de trois sortes.

A l'époque où l'orographie de la région différait de l'orographie actuelle, il s'est fait dans les dépressions creusées par les rivières anciennes des dépôts qui depuis ont été recouverts, soit par des coulées de roches, soit par des formations sédimentaires.

Plus tard se sont formées les vallées actuelles, donnant passage à des cours d'eau plus considérables que ceux qui y coulent aujourd'hui. A cette époque se sont déposées les alluvions anciennes des vallées. Enfin se sont déposées les alluvions modernes, en ne dépassant pas le lit du cours d'eau à l'époque des plus hautes eaux.

On conçoit facilement que les gites aurifères ainsi déposés demandent des modes d'exploitation variés.

Les alluvions aurifères sont abondantes en Californie, en Australie.

On en a trouvé dans la vallée du Rhin, en Piémont, dans la vallée de Grenade, en Asie, en Sibérie, etc.

Gîtes de fer. — Le fer pur est d'une rareté extrême.

Quant aux minerais de fer exploitables en grand ils sont au nombre de quatre, ce sont : la *magnétite*, l'*oligiste*, la *limonite* et le *carbonate de fer*.

1° Magnétite. — On la nomme aussi *mine noire* ou *fer oxydé magnétique*. Ce n'est autre chose que la pierre d'aimant. En masse, elle est d'un noir brillant, elle forme des dépôts immenses, des montagnes entières au milieu des terrains de cristallisation. C'est de tous les minerais le moins riche en oxygène. Il est fort pur et facile à traiter. Il peut renfermer en assez fortes proportions de l'acide titanique et du manganèse.

2° Oligiste. — C'est le peroxyde de fer, *mine rouge* ou *fer oxydé rouge* cristallisé ; l'oligiste est gris d'acier, mais, réduit en poussière, il est rouge. De tous les minerais de fer, c'est le plus répandu. Sa couleur varie du noir au rouge foncé, lorsqu'il se trouve sous l'état amorphe. On en distingue trois variétés. La première est le *fer spéculaire*, oligiste cristallisé ; la seconde concrétionnée, fibreuse, est l'*hématite rouge ;* la troisième, lithoïde, est la *mine rouge* ou *roche des mineurs*. Toutes trois sont d'excellents minerais très recherchés.

3° Limonite. — Elle tire son nom des terrains d'alluvions où on la rencontre. Elle est plus hydratée que l'oligiste, d'où le nom de *fer hydroxylé*. Elle est brune ou jaune de rouille et présente quatre variétés.

a. Hématite brune. — Elle se trouve en masses mamelonnées, elle est magnétique.

b. Fer pisolithique. — C'est la limonite en globules libres ou agrégés par un ciment argileux ou calcaire. Ces globules deviennent assez gros parfois et constituent des nodules.

c. Fer oolithique. — C'est de la limonite en grains agrégés entre eux et ne dépassant pas la grosseur d'une graine de millet.

d. Fer limoneux. — Limonite en masses terreuses, qui forme des dépôts dans les parties basses des continents.

4° Fer carbonaté. — Le carbonate de fer existe sous deux formes : l'une cristallisée est le *fer spathique* ou *sidérose*, l'autre, *carbonate de fer lithoïde*, se trouve aggloméré dans les grès du terrain houiller.

Les gîtes de fer sont de deux sortes, les uns sont des filons proprement dits, les autres des gîtes interstratifiés, intercalés, souvent, dans des couches fossilifères appartenant à un étage stratigraphique bien défini. La plupart des gîtes de fer ont pour origine des émanations venues de l'intérieur.

En Scandinavie, les minerais de fer sont subordonnés au terrain primitif, on les divise en trois catégories :

1° *Oligistes et fer magnétiques*, associés au gneiss ou à la leptynite.

2° *Minerais magnétiques*, accompagnés de pyroxène, d'amphibole, quelquefois de grenat.

3° *Minerais magnétiques, oligistes, manganésifères* et *calcarifères*, associés à du calcaire et mélangés de pyrite.

Les gîtes de Cogne, en Piémont, et d'Arendal en Norvège, appartiennent aussi au terrain primitif.

En Algérie, le gisement de Mokta forme une masse épaisse à la base d'une couche de cipolin. Le minerai est un mélange de fer magnétique et d'oligiste, contenant 1 ou 2 p. 100 de manganèse. La masse ferrugineuse est surmontée d'un schiste très micacé, riche en grenat. On considère ce gîte comme résultant d'une émanation ferreuse primitivement sulfurée, arrivant au milieu d'une masse calcaire.

Dans le gîte de Traverselle, en Piémont, la pyrite et l'oxyde magnétique sont intimement associés. Le minerai forme, dans ce gîte, des amas et des filons au milieu des micaschistes, des syénites et des grenatites. On y observe à côté de la pyrite de fer et de la magnétite, de l'oligiste, du sulfure de plomb (*galène*), du sulfure de zinc (*blende*), et de la pyrite de cuivre. La venue de ce dernier minerai semble postérieure à celle du fer. Les gangues consistent en calcite, dolomie, quartz, chlorite et grenat.

Dans les terrains paléozoïques, les émanations ferrugineuses se sont produites fréquemment.

On en trouve la trace dans la *sparagmite* de Norvège, roche conglomérée qui forme en ce pays la base des terrains stratifiés. Les grès à oligistes du Brésil, les poudingues pourprés de Normandie et de Bretagne sont encore des traces des émanations ferrugineuses des périodes précambriennes et cambriennes.

La période silurienne a vu se produire, aussi, des émanations ferrugineuses, comme l'attestent les minerais de fer de la base des schistes armoricains répandus dans le Cotentin, en Bretagne, en Anjou, en Espagne, et en Bohême (fig. 93).

En Styrie, des gîtes de carbonate de fer, voisins

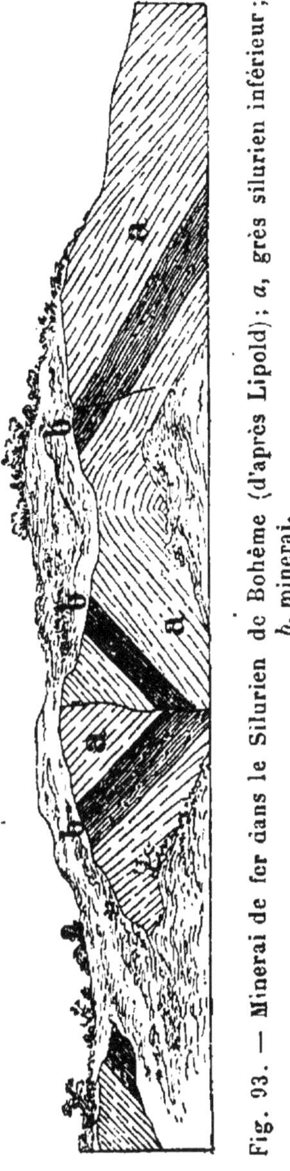

Fig. 93. — Minerai de fer dans le Silurien de Bohême (d'après Lipold); *a*, grès silurien inférieur; *b*, minerai.

de gîtes pyriteux, sont unis au calcaire de la période silurienne.

Le terrain dévonien est également riche en minerais de fer (Ardennes, Nassau, Harz). Certains gîtes de fer, appartenant à la période dévonienne, sont liés aux diabases, roches fréquemment riches en pyrite, c'est pourquoi on admet généralement que le fer, à l'état de sulfure, est venu avec la roche basique, et, qu'en arrivant à la surface, les émanations se sont oxydées tout en s'étendant dans les assises sédimentaires déjà formées.

De nombreux filons contenant de l'oligiste avec du quartz et de la fluorine, sillonnent les terrains anciens des Vosges. L'émission ferrugineuse a déterminé la coloration rouge du granite. On accorde à ces émanations l'âge du trias, ou du grès rouge.

C'est également au trias qu'on rapporte la formation des filons de carbonate de fer du Dauphiné.

Dans cette région, les filons d'Allevard sont encaissés dans les dolomies ou dans les schistes cristallins.

On ne connaît que peu d'éruptions se rapportant aux périodes jurassiques et crétacées. Il n'existe aucune raison pour admettre que les minerais de fer rencontrés dans ces deux systèmes soient dérivés de phénomènes internes. Tels sont les minerais de Thostes, de Beauregard, de Muzenay, en France, l'oolithe ferrugineuse de Lorraine, la limonite des Ardennes, le minerai de Neuvizy, etc.

Au contraire, de nombreuses émissions ferrugineuses se sont produites à travers les terrains tertiaires. Les hématites et carbonates de Bilbao, les magnétites, oligistes, hématites manganésifères de Ouehassa (Algérie) appartiennent à ces époques.

Quant aux gîtes de l'île d'Elbe, encaissés indifféremment dans le lias, le cambrien et le carboniférien, ce sont des dépôts superficiels, formés d'oligiste et d'hématite avec pyrite et magnétite et qui se sont produits à une époque où le relief du sol ne différait pas considérablement de ce qu'il est aujourd'hui.

Gîtes calaminaires. — Dans un grand nombre de gîtes de fer, la puissance des amas s'accroît à la traversée des massifs calcaires, surtout à la jonction de ceux-ci avec une schiste argileux inattaquable par les dissolutions métalliques, dont l'action s'est tout entière exercée sur le calcaire.

Cette corrosion de la roche environnante est encore plus évidente dans les gisements de minerais de zinc, que l'on connaît sous la dénomination générale de *gîtes calaminaires.*

Les minerais de zinc exploitables sont au nombre de deux : le silicate de zinc ou *calamine* et le sulfure de zinc ou *blende.* On trouve encore l'oxyde, mais il est fort rare, et se change à l'air en carbonate (état de New-Jersey, Amérique du Nord). La *smithsonite* ou carbonate de zinc est plus fréquente, mais se trouve rarement en quantité pouvant donner lieu à une exploitation unique, elle est associée à la calamine et à la blende (Carinthie, Silésie, Vieille-Montagne).

Calamine. — Elle se trouve en petits cristaux hémimorphiques, clivables, elle est incolore, mais passe souvent, au bleu ou au vert ; elle est pyroélectrique.

On la trouve aussi en masses concrétionnées, compactes ou terreuses.

Blende. — La blende est le meilleur minerai de zinc ; son éclat varie de l'aspect adamantin, quand elle est pure, à celui de la cire lorsqu'elle contient du cadmium ; elle a l'apparence métallique lorsqu'elle renferme du fer. Sa poussière est toujours d'une teinte plus claire.

Les variétés jaunes sont phosphorescentes.

Dans la vallée de la Meuse, on trouve une variété

de zinc d'aspect lithoïde, nullement métallique,

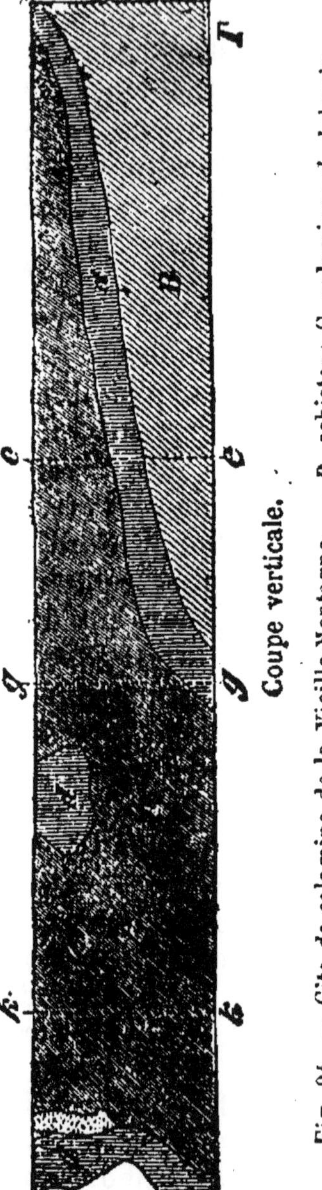

Coupe verticale.

Fig. 94. — Gite de calamine de la Vieille-Montagne. — B, schistes ; C, calamine ; *d*, dolomie.

compacte ou concrétionnée.

Souvent les couches de blende alternent avec des couches de galène ou de pyrite de fer.

Le caractère fondamental des gîtes calaminaires est de former des épanouissements irréguliers dans les calcaires, et des filons qui se prolongent dans les schistes, à l'état de fente qui ne contiennent que peu de sulfure.

Dans les gîtes calaminaires, la blende fait place à la calamine qui se charge d'acide carbonique ou de silice.

Le gîte de la Vieille-Montagne (fig. 94) se trouve à la rencontre d'un filon de sulfure de zinc et d'une cuvette oblongue formée par des calcaires carbonifères. Le filon de blende s'élargit dans la traversée du calcaire de 0 m. 25 à 150 mètres. De nombreux blocs de calcaire sont disséminés au milieu d'une argile imprégnée de calamine, une zone de calamine pure s'étend entre cette argile et le calcaire.

D'une façon générale, lorsqu'un filon chemine dans des schistes et rencontre du calcaire, le sulfure qui le remplissait est remplacé par des minéraux oxydés, silicates ou carbonates. On admet que les eaux qui, dans les schistes, déposaient des sulfures, ont attaqué et dissous le calcaire; alors l'espace accessible aux émanations minérales s'est accru, et, en même temps, le milieu réducteur a fait place à un milieu oxydant (A. de Lapparent).

Gîtes diamantifères. — Le diamant se trouve en cristaux plus ou moins parfaits, toujours dérivés du cube, octaèdres (fig. 95) ou dodécaèdres rhomboïdaux (fig. 96).

Le diamant se rencontre dans les alluvions, le plus souvent. Cependant au Cap, on le trouve dans une ophite qui occupe dans le sol des cavités en entonnoir. Là, dans une gangue qui semble une boue d'éruption, le diamant se trouve en octaèdres cubiques à faces courbes (fig. 97), et séparés de la roche par une couche fine de calcite.

A Bornéo, le diamant a été trouvé comme résidu du lavage d'une serpentine, contenant du platine, du fer chromé, etc.

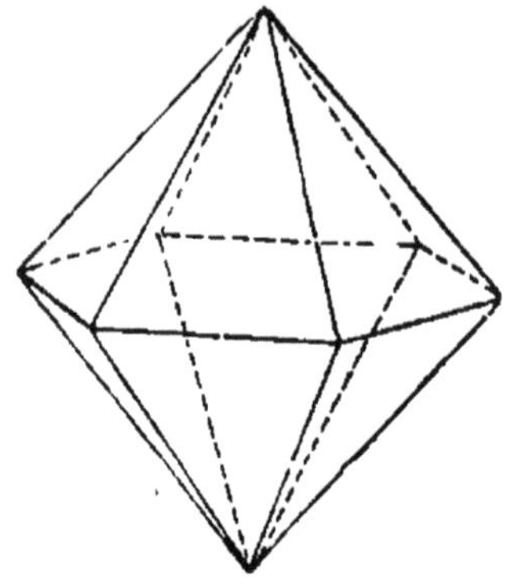

Fig. 95. — Octaèdre de diamant.

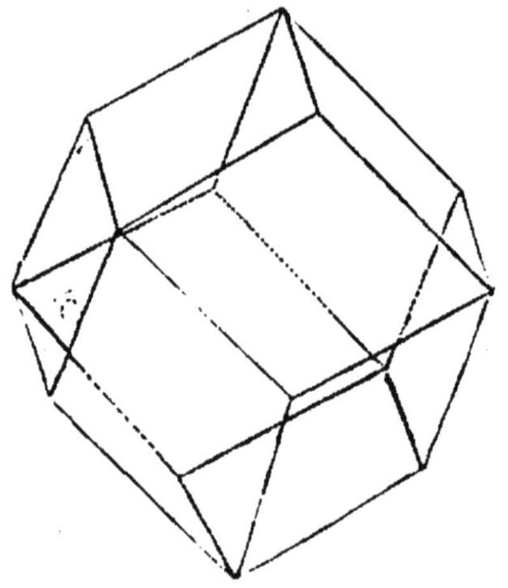

Fig. 96. — Dodécaèdre rhomboïdal de diamant.

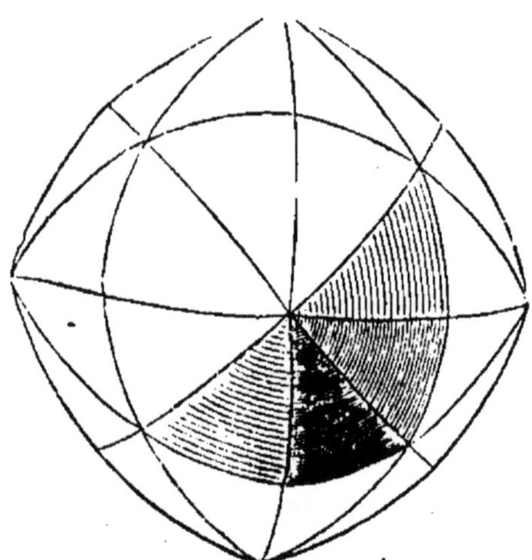

Fig. 97. — Cristal de diamant à faces courbes.

Au Brésil, on trouve le diamant en échantillons roulés dans des alluvions, avec le rutile, l'anatase, la tourmaline, etc. ; mais on le rencontre aussi en place dans des argiles provenant de la décomposition de schistes anciens, on a même observé un diamant enchâssé dans un cristal d'anatase (Gorceix).

Dans le district de Bellary (présidence de Madras), le diamant se trouve cristallisé et associé au corindon, dans une pegmatite à amphibole et à épidote (Chaper). Les roches des plateaux supérieurs de l'Hindoustan seraient donc les lieux d'origine des diamants que l'on a rencontrés dans les terrains d'alluvions de Karnoul, du Maïsour, etc.

Gîtes de minéraux divers. — *Corindon.* — Les pierres qui, au point de vue de la valeur, suivent immédiatement le diamant, sont les variétés de *corindon*.

Celui-ci est un des minéraux accessoires de la granulite et des schistes métamorphiques ; on le trouve dans des alluvions résultant de la destruction de roches granitiques ou gneissiques. On le trouve aussi engagé dans des basaltes qui eux-mêmes ont enclavé des roches anciennes (Lacroix).

Émeraude. — Elle se trouve dans les pegmatites, les schistes métamorphiques et les micaschistes.

Aux environs de Limoges, on la trouve en gros prismes opaques.

A Nuso, dans la vallée de Tualka, à la Nouvelle-Grenade, l'émeraude est disséminée avec du quartz, de la calcite et de la pyrite dans un calcaire bitumineux crétacé.

Dans l'Oural, elle existe au milieu des micaschistes.

Topaze. — Elle se trouve dans les schistes cristallisés, la granitite et la pegmatite ;

Elle existe dans les gîtes stannifères et dans les sables diamantifères de l'Inde.

Zircon. — Il existe aussi dans les roches anciennes.

On le trouve en France, dans les sables d'Espaly. (Le Puy-en-Velay), au milieu de débris de roches basaltiques ayant englobé des roches granitiques (Lacroix); le zircon accompagne dans ces sables, le corindon, le spinelle, etc.

Grenats. — Ils sont assez répandus dans les roches anciennes, telles que les gneiss et les micaschistes; on les rencontre aussi dans les calcaires métamorphisés par des roches éruptives.

Parmi les autres matières minérales utilisées dans l'industrie, il convient de citer les suivantes :

Quartz coloré et *quartz hyalin.* — Le quartz coloré est employé dans l'ornement.

Le quartz hyalin était travaillé, autrefois. Aujourd'hui, il est utilisé en lames minces, dans l'analyse optique. On le rencontre en cristaux gigantesques à Befoura (Madagascar); les cristaux de grande taille sont souvent des cristaux enfumés.

Agate. — Les agates se distinguent en *agates unicolores*, et *agates colorées*. Les agates rubanées ont été déposées par les eaux dans des cavités sphéroïdales, les couches les plus externes ayant été déposées les premières. Susceptibles d'un très beau poli, elles sont utilisées comme pierres à camées, surtout quand les couches diverses sont brillamment colorées et disposées parallèlement.

On les rencontre presque exclusivement dans les roches éruptives ou volcaniques, roches qui ont été consolidées en présence d'une grande quantité de vapeur d'eau.

On les trouve en Hongrie, sous forme de stalatites suspendues à des cristaux de sulfure d'antimoine, ce qui prouve que leur origine est due à la voie humide.

Silex. — Les silex peuvent être regardés comme des agates grossières, n'agissant pas sur la lumière polarisée, ce qui montre qu'ils n'ont pas la structure cristallisée. Le silex est à peine translucide sur ses bords et affecte souvent la forme en rognons.

Le silex peut prendre aussi l'aspect d'une scorie, creusée d'un nombre très grand de cavités qui lui donnent une grande légèreté ; c'est alors la *pierre meulière*, que l'on trouve en abondance dans la Brie et dans la Beauce. Elle est très légère, très résistante et utilisée dans la constrution (fortifications de Paris, revêtement extérieur des égouts).

Jaspe. — Le jaspe est pourvu de couleurs vives et présente fréquemment un aspect marbré. Il a l'apparence du silex, mais n'est pas translucide, même sur les bords minces. Les colorations les plus fréquentes sont le rouge, le vert, le brun (*cailloux du Nil*).

Opale. — A son plus haut degré de pureté, l'opale est caractérisée par son aspect irisé, où dominent le vert, le bleu et le rouge. Pour que ses couleurs apparaissent avec le plus d'éclat, il faut qu'elle soit imbibée d'eau.

Les plus belles opales viennent du gîte d'Eperjes (Hongrie).

On la trouve le plus fréquemment dans les trachytes.

Le *tripoli* et la *ménilite* ne sont que des opales impures.

Le tripoli est de l'opale moulée sur des tests délicats d'infusoires;

La ménilite offre un aspect résineux caractéristique.

Kaolin. — C'est la variété pure de l'argile. Il est d'une blancheur parfaite et infusible.

Les gîtes importants exploités en France, sont ceux de Saint-Yrieix, de Limoges, de Colettes (Allier) et de Plémet (Côtes du Nord).

Le kaolin résulte de la décomposition des feldspaths.

Argile plastique — Le caractère général des argiles est de former une pâte avec l'eau. L'argile plastique est onctueuse au toucher, se polit sous l'ongle, et, abandonnée à l'air, se fendille en perdant de l'eau.

Les gîtes d'argile plastique sont abondants aux environs de Paris.

Schistes argileux. — L'argile, mieux que tout autre corps, peut prendre la schistosité.

Un type de schistes argileux très net est l'*ardoise*, qui a la composition de l'argile et montre une structure feuilletée très accentuée. Le plan de stratification des couches ne coïncide pas forcément avec le plan de fissilité. Dans l'Ardenne, par exemple, les couches sont ondulées, et le plan de division est vertical. Les gîtes ardoisiers les plus riches, en France, sont ceux d'Angers, de Trélazé, des Ardennes, de Saint-Lô, de Cherbourg, de Redon, de Grenoble et de Brives.

Bauxite. — C'est un minerai de fer oxydé, à gangue alumineuse, très riche, et contenant une très faible proportion de silice.

Les gîtes principaux sont ceux de Baux (près d'Arles); le minéral y remplit des fentes ou poches dans des calcaires appartenant à la période crétacée. On la rencontre aussi à Revest (Var), dans le Gard, la Lozère, et hors de France, en Calabre, en Styrie, en Suède.

La composition chimique de ce minéral varie beaucoup. La bauxite pure est blanche, et très réfractaire, elle sert à la production de l'alumine et a été employée à la production de l'aluminium.

Talc. — C'est une matière minérale, qui se clive aisément en lames très minces, son caractère distinctif est sa couleur vert clair, son toucher gras, sa dureté nulle. En poussière, le talc est complètement blanc.

Il se trouve en masses lamellaires dans le Tyrol, en Suisse, au Saint-Gothard, dans les régions montagneuses, au sein des micaschistes.

Les variétés compactes de talc, sont la *pierre ollaire* et la *stéatite* ou *craie de Briançon*.

Marbres. — Le marbre est blanc ou coloré, composé de cristaux très fins enchevêtrés complètement, sa structure rappelle celle du sucre.

Le type du *marbre blanc* est celui de Carrare; on le trouve encore à Paros, au Pentèles (marbre pentélique).

Sous le nom de *marbres colorés*, on décrit un grand nombre de roches susceptibles de prendre un beau poli.

La *lumachelle* est un marbre pétri de coquilles qui souvent ont gardé la nacre de leur test. Cette nacre apparaît après le polissage de la pierre et lui donne ses reflets irisés.

Les lumachelles sont très communes en Belgique; on exploite près de Narbonne une lumachelle noire à taches circulaires, ovales, qui sont des débris de belemnites.

Aux environs de Caen, et en Bourgogne, on rencontre aussi des exploitations de lumachelle.

Aux marbres on peut réunir les *calcaires compacts*, dont une variété, dite *calcaire lithographique*, est d'un grain uniforme et d'une dureté supérieure à celle du marbre le plus pur. Le gîte le plus célèbre est celui de Solenhofen, en Bavière.

D'autres calcaires compacts ont le grain moins serré, tel est le *liais* des carrières d'Arcueil, de Bagneux, de Creteil et de Maisons-Alfort aux environs de Paris. Une quantité d'autres roches : la pierre de Tonnerre, la pierre de Larrys (Yonne), la pierre de Saint-Ylie (Jura), la pierre de Chassignelle (Yonne) etc., sont des calcaires compacts du genre du liais, qui résistent à la scie à dents.

Les calcaires tendres se débitent à la scie, ils sont aussi abondants que les autres, tels sont : le calcaire à miliolites (*lambourde*) de Nanterre, Gentilly, Saint-Maur (Seine), le *vergelet*, des bords de l'Oise, le calcaire de Caen, les pierres de Commerge, la *craie*.

Apatite. — L'apatite cristallisée possède l'éclat vitreux ; sous cette forme, elle provient de Saxe, du Tyrol, et de la Norvège ; sa coloration est jaune, verte ou violette, les cristaux se rencontrent dans les roches cristallines et même dans les roches volcaniques modernes.

La variété amorphe existe en Bavière.

Dans les terrains sédimentaires se rencontre une variété compacte.

Les terrains crétacés, particulièrement l'étage du gault renferment d'abondants dépôts d'apatite terreuse. Les couches où on les rencontre ont pris naissance dans des mers peu profondes que traversaient des courants. Cette variété se montre en rognons, dans lesquels on retrouve des coprolithes de Vertébrés aquatiques. Dans les Ardennes, et en Angleterre, ces phosphates sont très abondants et exploités pour la culture des céréales. Ces rognons contiennent de 60 à 70 p. 100 d'un phosphate, qui a la même composition que celui des os. En France, le gisement de phosphate de calcium de Bonneval (Somme) parait d'une grande richesse.

On trouve le phosphate de calcium dans des gîtes où n'ont pu vivre des animaux, fait qui appuie l'hypothèse de l'origine profonde du phosphore de l'apatite. On trouve en effet des phosphates à côté des amas d'oxyde de fer (Laponie), dans des gneiss

(Canada), dans des filons d'étain, dans des roches éruptives.

L'apatite est, en outre, très notablement fluorée, tandis que les os et les dents des Vertébrés sont pauvres en fluor. Enfin on trouve du phosphore dans les météorites (Voy. chap. XI), sous forme d'un phosphate triple de fer, de magnésium et de nickel, qui forme des saillies linéaires sur le fer météorique. Il est à peu près universellement admis aujourd'hui que les éléments des météorites ont pris leur origine dans les couches profondes du globe; de là, cette conclusion que le phosphore a une origine profonde.

Dolomie. — Ce minéral est utilisé en métallurgie. On l'emploie pour le revêtement des appareils qui traitent les fontes phosphorées.

La dolomie est abondante dans les Alpes, elle y forme des masses rocheuses ayant l'aspect de ruines. Elle prend quelque fois l'aspect terreux. A l'état cristallin, elle constitue un minéral de filon, qui accompagne la calamine, la galène, et le minerai de fer (France, Belgique, Angleterre, Silésie).

La variété saccharoïde se rencontre dans les terrains métamorphiques.

Les eaux de Lamalou (Aveyron) laissent précipiter de la dolomie; ce qui montre leur origine profonde.

On exploite la dolomie en France, à Varigny, à Santenay, à Dixau (Saône-et-Loire), à Vitry-le-Chateau (Belgique); en Galicie; à Gerolstein (Allemagne), etc.

Carbonate de magnésium. — Ce minéral est employé comme le précédent, en métallurgie, pour la déphosphoration sur sole.

Le carbonate de magnésium pur est complètement blanc (gîtes d'Eubée et Frankenstein, en Saxe).

Dans les Alpes Styriennes, le carbonate de magnésium est cristallisé, et très facile à confondre extérieurement avec le carbonate de fer. D'autres gîtes de carbonate de magnésium, riches en silice, se trouvent à Suse (Italie) et en Suède.

Aucun gisement exploitable n'a été découvert en France.

Cryolithe. — C'est un minerai d'aluminium très utile dans la métallurgie de ce corps. La cryolithe est très facilement fusible.

Les seuls gîtes connus sont ceux du Groenland.

Chiolithe. — On trouve, dans l'Oural, un minéral aussi fusible que la cryolithe, et dont la composition montre des proportions de fluorure d'aluminium un peu plus considérables, c'est la *chiolithe* ou *pierre de neige*.

Alunite. — C'est un minéral sans composition fixe et qui sert à produire l'alun. L'alunite est fibreuse et d'aspect pierreux, sa couleur est le gris ou le rouge, elle rappelle par son apparence la pierre meulière. L'alunite est rayée par l'acier.

Les gîtes importants d'alunite, sont ceux de Tofna, près de Civita-Vecchia, de Musaï et Boregszasz (Haute-Hongrie), du pic de Sancy, d'Algérie.

Certains schistes alumineux renfermant de la pyrite de fer (*schistes alunifères*), peuvent être substitués à l'alunite pour la fabrication de l'alun.

Gypse. — Le gypse est du sulfate de chaux hydraté, sa transparence est complète, sa couleur blanche ou blonde, il est peu soluble dans l'eau. A la chaleur, il perd son eau, blanchit, et s'exfolie, les lames de clivage se disposent comme les feuilles d'un livre entr'ouvert.

On trouve souvent le gypse dans des fentes traversant les argiles des salines, les cristaux en sont toujours placés normalement à la paroi de la fente.

On trouve le gypse en cristaux (Montmartre-Paris, Bex (Suisse), Leogang, près de Salzbourg, etc.) en masses lenticulaires, laminaires, grenues, fibreuses compactes ou terreuses.

Les variétés communes servent à la fabrication du *plâtre.*

La variété compacte est une pierre à grain fin, facile à travailler, peu dure, l'*albâtre*, dont on trouve de beaux gisements à Florence et à Volterre (Italie).

CHAPITRE X

COMBUSTIBLES MINÉRAUX.

Il a déjà été dit un mot des combustibles minéraux (Voy. chap VII, p. 152). Nous devons néanmoins, étant donnée l'importance de quelques-uns d'entre eux, les étudier avec quelques détails.

Diamant. — A propos des gîtes minéraux, on a examiné les gisements diamantifères (p. 196). Il faut ajouter que ce minéral se rencontre en cristaux fréquemment maclés, que, dans les formes à faces courbes, les faces sont fréquemment striées. Un mélange d'acide sulfurique et de chromate de potassium le transforme en anhydride carbonique.

Les variétés de diamant sont :

Le *Bort*, ou diamant en boule, à structure radiée, utilisé pour le polissage.

Et le *Carbonado*, diamant noir, en fragments de la grosseur du poing, et qu'on utilise pour la fabrication d'instruments destinés au forage des puits de mine.

Graphite. — Le graphite se présente en masses amorphes d'un gris bleu foncé, à éclat métallique, sa poussière est noire et opaque. Le graphite à l'état de lames minces est flexible, tendre, onctueux, infusible, inattaquable par les acides. Il brûle plus difficilement dans l'oxygène que le diamant. Le mélange de chromate de potassium et d'acide sulfurique le transforme en anhydride carbonique.

A l'état cristallisé, il se montre en paillettes hexagonales aplaties.

Il se trouve dans le terrain primitif, dans le gneiss et les micaschistes. On en rencontre des filons près de Morlaix, en Bretagne, dans les Pyrénées; en Angleterre, dans le Cumberland, se trouve le célèbre gisement de Borrodale. On l'exploite aussi dans l'Oural et en Sibérie.

Il existe à l'état de minéral accessoire dans le gneiss, la syénite, la granulite et aussi dans certains fers météoriques (Voy. chap XII).

Charbons fossiles. — Les charbons fossiles sont caractérisés par la formation d'acides bruns accompagnant leur dissolution dans un mélange d'acide nitrique et de chlorate de potassium à une température inférieure à 100 degrés.

Ils sont le résultat d'une transformation des matières végétales accomplie dans certaines conditions (Voy. p. 214 à 220).

Les charbons fossiles sont les minéraux suivants :

Anthracite. — Ce charbon fossile est un carbone presque entièrement pur, et amorphe. Il a l'aspect d'une résine, sa cassure est conchoïdale, son éclat métallique, avec irisations superficielles, il est fragile et dur, sa rayure est noire.

Dans le matras, l'anthracite donne un peu d'eau et pas d'huiles volatiles.

L'anthracite se montre surtout dans des schistes anciens, il est presque toujours antérieur à la houille.

Les principaux gisements sont ceux du Harz, de la Saxe, de la Bohême. On le rencontre en France, dans les Vosges, dans le Nord (Anzin), dans le Dauphiné (La Mure).

Houille. — La houille est noire, opaque, plus ou moins brillante, et amorphe, sa structure est feuilletée. Elle se divise, au choc, en lames planes normales au plan des couches; cette séparation imite le clivage des minéraux.

Au chalumeau, elle brûle avec une flamme, de la fumée et exhale une odeur bitumineuse. A la distillation, elle donne des huiles, des goudrons, de l'eau, des gaz, de l'ammoniaque entre autres, et un produit poreux, le coke.

La proportion de matières étrangères dans la houille varie entre 2 p. 100 et 10 p. 100. Suivant la proportion des gaz et autres produits volatils, on a tous les intermédiaires entre l'anthracite qui renferme 84 p. 100 à 95 p. 100 de carbone et la houille dite *grasse*, qui, à la distillation, perd jusqu'à 60 p. 100 de son poids. La houille est une combinaison de carbone, d'hydrogène et d'oxygène avec des traces d'azote, elle perd à la température de 121° de 3 à 5 p. 100 d'eau.

La houille pulvérisée et traitée par les dissolvants des hydrocarbures, ne perd rien, ce qui semble prouver que les hydrocarbures ne préexistent pas en elle, ils se forment dans la distillation.

Quelques matières étrangères, mélangées à la houille, se retrouvent dans ses cendres, c'est de la silice, un peu de potasse et de soude, de l'alumine, parfois du peroxyde de fer et de la pyrite. Ces substances se retrouvent en quantités notables dans les Cryptogames actuels.

Origine végétale de la houille. — La houille se montre formée de débris de végétaux altérés, et renfermant dans leurs interstices une substance ulmique qui donne à la masse son apparence amorphe (V. p. 152). La substance ulmique résulte de la décomposition des matières végétales, comme le prouve l'expérience suivante.

En chauffant à 200° ou 300°, sous pression, de l'amidon, du sucre et des gommes, on obtient un produit noir analogue aux parties amorphes de la houille. Les matières résineuses et grasses qu'on peut extraire des feuilles se transforment, dans les mêmes conditions, en produits comparables aux bitumes.

Transformation des végétaux en houille. — La houille se présente toujours en couches plus ou moins régulières, intercalées au milieu de dépôts détritiques, schistes ou grès. Il semble donc qu'on doive considérer la houille comme un sédiment, une alluvion végétale.

Tant qu'a été ignorée la nature organisée de la houille, on la considérait comme le produit d'altération de végétaux accumulés, provenant de la végétation de l'époque carboniférienne. De temps à autre, un affaissement du sol interrompait le développement de la végétation, puis la dépression se comblait de matériaux détritiques, de nouvelles générations de plantes apparaissaient. Le phénomène se répétant plusieurs fois, les couches de débris végétaux se superposaient, séparées les unes des autres, selon la violence des régimes intermédiaires, par des schistes, des grès ou des poudingues, parfois, aussi, par des dépôts fossilifères attestant un retour de la mer. Tous ces dépôts semblaient s'être faits avec une lenteur considérable ; en outre, la transformation de la matière végétale exigeait une durée immense, car les végétaux de plusieurs forêts successivement enfouis en un même lieu donneraient à peine quelques centimètres de houille. La transformation était regardée comme une œuvre réclamant l'exclusion de l'air, ainsi que le concours de la pression et de la chaleur.

Les observations qui viennent combattre cette théorie ont été faites dans les bassins houillers du Plateau Central. On remarqua que la houille y était formée de résidus végétaux se recouvrant mutuellement comme s'ils reposaient sur un plan horizontal. La situation qu'ils présentent est telle qu'on y doit reconnaître l'action d'un liquide servant de véhicule. Les résidus végétaux montrent principalament des écorces, des fragments de troncs et de tiges, comme on le constate dans un grand nombre de couches. On a même pu constater que les végétaux auxquels avaient appartenu ces débris, étaient aériens et non exclusivement aquatiques et qu'aucune analogie ne pouvait être établie entre ce genre de végétation et celui des tourbières actuelles (A. de Lapparent).

Les végétaux dont l'existence est fréquente dans les terrains houillers et dont les souches, les tiges, et les racines se retrouvent dans la situation qu'elles occupaient à l'état vivant, ne se trouvent jamais dans les couches de houille elles-mêmes, mais dans les grès ou les schistes qui les encaissent. Les troncs sont toujours nettement tranchés par le plan de la couche de houille, et les racines des souches s'étalent à la surface des bancs de charbon. Ces faits, observés à Saint-Étienne, ont été constatés, de nouveau, dans les houillères américaines.

La verticalité des troncs ne comporte pas forcément leur développement en place. A Commentry, dans certains bancs, les troncs sont extrêmement nombreux, les uns debout, les autres couchés, mais on les trouve surtout dans le grès, rarement dans les schistes, et jamais dans les couches de houille. Il y a cent troncs couchés pour un debout, et, autour de celui-ci, les stratifications du grès encaissent la tige en se relevant autour d'elle. Cette dernière circonstance, qui ne s'explique pas, dans l'hypothèse d'un dépôt opéré lentement autour d'une tige en place, concorde avec l'hypothèse d'un transport par l'eau. En effet, une fougère encore verte, et jetée dans l'eau se place verticalement, puis s'enfonce, et ne se couche qu'au bout d'un temps assez long après avoir touché le fond. Si on l'abandonne dans un courant qui emporte des détritus, le même phénomène se produit; dans un tel courant, les sédiments, se courbent par un effet de remous, au voisinage des tiges, ou des piquets qu'on a pu placer sur leur parcours. Or les arbres de l'époque carboniférienne étaient tout à fait propres à conserver la verticalité pendant le flottage. Charriés avec des sédiments grossiers, ils s'y enfonçaient et, quand la matière était assez résistante, restaient debout. Au contraire, quand le courant n'emportait que de la boue destinée à devenir du schiste, les tiges enfoncées tendaient à se coucher au fond. Un pareil phénomène s'observe aujourd'hui encore dans les grands fleuves. Dans le delta du Mississipi, par exemple, on trouve des sapins qui ont été charriés avec leurs branches, et se sont enfoncés verticalement dans les alluvions (A. de Lapparent).

On est donc amené, par ces diverses observations, à considérer la houille comme un produit de flottage, mais il faut expliquer de quelle manière s'est produit ce flottage.

L'étude des bassins houillers de Commentry et du Plateau Central, en général, a conduit à admettre l'existence, à l'époque de la formation de la houille, de torrents chargés de vases, de graviers et de produits végétaux, débouchant dans une eau profonde et tranquille comme celle d'un lac. Les matériaux se séparant suivant leurs densités, les graviers et les galets formaient, près de l'embouchure, des couches très inclinées; les vases allaient plus loin, se stratifiant suivant une pente adoucie, au pied de laquelle se déposaient les débris végétaux dans une situation voisine de l'horizontale. De la sorte, le progrès du delta continuant, l'alluvion végétale s'enfouit, peu à peu, sous de nouvelles couches de sédiments et, l'apport des détritus continuant, une couche de combustible se dépose au fond, couche dont les diverses régions ne sont pas contemporaines, et représentent les apports de crues périodiques. Les variations du régime torrentiel produisent les diverses qualités de la couche : ici l'on trouvera de la houille dépourvue de détritus minéraux, là une vase détritique mélangée de débris de plantes (Schistes bitumineux).

La valeur des observations faites dans les gisements du Plateau Central a été contrôlée par des expériences qui ont permis de reproduire les circonstances propres aux bassins houillers de ces régions. L'influence des déplacements du courant donnant aux dépôts une forme lenticulaire et faisant varier leur inclinaison, le tassement des alluvions modifiant l'allure des couches à matériaux fins et y faisant naître des glissements, des renflements, des étranglements, ont été étudiés et montrent que les mouvements généraux du globe n'ont pas déterminé, seuls, les dislocations observées fréquemment dans les couches de houille, et qui d'ailleurs ne se montrent pas dans les roches encaissantes (1).

Macération des débris végétaux. — Des recherches plus récentes encore tendent à faire admettre que la houille avait acquis sa composition chimique avant d'être incorporée à un sédiment, et qu'elle

(1) Ces expériences ont été faites par M. Fayol, dont les observations jointes à celles de M. Grand'Eury ont conduit les géologues à ces considérations nouvelles sur l'origine de la houille.

n'a subi postérieurement qu'une transformation physique (Renault).

La composition chimique de la houille de Commentry peut, en effet, se déduire de celle de la cellulose par perte de carbure d'hydrogène et addition d'eau. Cette réaction est précisément celle qui s'effectue à l'époque actuelle, dans les tourbières, sous l'influence de microorganismes.

Il n'est pas invraisemblable d'admettre que, dans les marécages de l'époque carboniférienne, une pareille macération se produisait, avant le transport des débris de végétaux dans les lacs ou les estuaires.

Les observations montrent de plus que les plantes de l'époque devaient être fort riches en matières résineuses. Les eaux provenant du lessivage des plantes, laissent déposer des substances résineuses qui, devenues insolubles par l'action des microorganismes, donnent naissance à des masses de combustible différentes de celles qui provenaient des végétaux encore organisés.

Les organes des plantes qui ont le plus concouru à la formation du charbon de terre, sont les feuilles, les bois et les assises subéreuses des écorces. Ces divers organes n'étant pas identiques au point de vue de leur richesse en résine, et comme, d'autre part, le transport par une eau courante a fait opérer un classement en matériaux similaires, et amener une séparation plus ou moins complète des matières terreuses, la grande variété des houilles s'expliquerait facilement, ainsi que les proportions de cendres, de bitumes, et de gaz qu'elles peuvent produire (A. de Lapparent).

On peut même admettre que le grisou, si abondant dans certaines couches, résulte d'une macération incomplète qui n'a pas donné lieu au départ, de tout le gaz, lequel est resté emprisonné dans le charbon.

Quant au rôle de la pression, que l'on croyait des plus importants, il semble, d'après les expériences récentes, se borner à avoir produit une réduction dans le volume des débris.

Gisements houillers du nord de l'Europe. — La théorie qui vient d'être exposée résulte d'observations effectuées dans le Plateau Central. Les grands gîtes houillers du Nord de l'Europe n'en diffèrent que par les caractères suivants :

L'épaisseur des couches est moindre, leur régularité est plus grande, elles s'étalent sur de larges espaces, la structure organisée n'est jamais reconnaissable à l'œil nu. Les grès sont à grain fin, et on ne rencontre pas de conglomérats. Des lits, parfois calcaires, et souvent fossilifères, sont subordonnés aux roches encaissantes.

Les couches du combustible offrent l'aspect de sédiments réguliers, et les empreintes végétales laissées sur les schistes montrent la nature terrestre des végétaux. Les plantes en place font défaut, dans la houille, et les tiges verticales sont assez rares.

Ces circonstances ne sont point en contradiction avec la théorie. On peut admettre l'existence de grands fleuves apportant dans de profonds estuaires des alluvions mêlées à des débris végétaux macérés. La faible pente des cours d'eau s'opposait au transport de cailloux et de gros graviers. Les détritus des plantes charriés loin de leur lieu d'origine arrivaient à l'état de fragments petits. Les vagues de l'estuaire les forçaient à s'étaler, et les déplacements du courant pouvaient amener en certains points, le retour du régime marin, avec dépôt de calcaire fossilifère. D'ailleurs, le dépôt subissait des tassements inévitables, qui ont amené des modifications dans l'allure des couches de combustible, sans qu'il soit nécessaire d'invoquer des affaissements du sol. Tout semble démontrer qu'à l'époque des formations houillères du Nord, l'Europe était en voie d'émersion, et l'une des conséquences de la théorie des affaissements, est d'admettre pour tout le continent un affaissement total égal à l'épaisseur entière du terrain houiller, soit en certains points près de 2.000 mètres. L'Europe entière eût disparu, alors, et l'on sait qu'elle était entièrement émergée.

La présence d'algues d'eau douce n'infirme point non plus la théorie du transport par eau courante de végétaux intacts ou macérés, car aux lieux de macération les Algues devaient se développer avec une grande vigueur.

Lignite. — Le lignite est une houille imparfaite, à cassure conchoïdale ou terreuse, à structure compacte, fibreuse, ligneuse, feuilletée ou terreuse. Son éclat est cireux, ou terne. Il brûle facilement et laisse, après distillation, un charbon compact.

Dans le lignite proprement dit, les feuilles de Graminées, les Mousses, les aiguilles de Conifères, les grains de pollen, les débris d'Insectes dominent. Les éléments ligneux s'y trouvent sous forme de rameaux non altérés.

Le *jais* est une variété fibro-compacte de lignite, il est noir et se montre constitué par un tissu ligneux, dont les espaces intercellulaires sont remplis d'une substance amorphe.

Tourbe. — La tourbe est une sorte de terreau compact, à sa base, et fibreux à sa partie supérieure. Elle est brune et représente une matière végétale à peine minéralisée. Les débris végétaux sont visiblement organisés, et réunis par une substance amorphe ulmique. Cette substance résulte de la décomposition complète de la matière végétale. Cette décomposition, dans certaines tourbières, a donné naissance à la formation d'une matière brune, élastique à l'état humide et se dissolvant dans la potasse en une liqueur brune. On donne le nom de *Dopplérite* à cette matière. Beaucoup de tourbes laissent observer des fragments carbonisés de plantes et le microscope y décèle la présence de fibres, de vaisseaux, etc.

La nature de la tourbe ne dépend pas exclusivement de la transformation plus ou moins avancée des matières végétales. L'espèce de ces matières importe beaucoup.

Les tourbes noires qu'on extrait du fond des tourbières sont, dans le Jura, formées de *Carex*, de *Mousses*, de racines de Saule ou de Bouleau; la tourbe brune, située au-dessus, renferme presque exclusivement des Mousses; enfin la tourbe jaune des couches supérieures résulte de la décomposition des *Sphaignes* et des *Bruyères*.

Origine et formation de la tourbe. — Les lieux de formation de la tourbe sont des endroits humides, marécageux, dans lesquels la décomposition lente des matières végétales s'accomplit sous la protection de l'eau.

Il semblerait qu'un sous-sol imperméable soit nécessaire à la formation de la tourbe; il n'en est rien, ce sont les sols spongieux, fissurés, qui sont les lieux les plus favorables, à l'exclusion des sols argileux. La production de la tourbe est, en première ligne, déterminée par des conditions physiques extérieures qu'entraverait l'imperméabilité du terrain.

Pour que la tourbe prenne naissance, il faut, avant tout, qu'une végétation luxuriante de plantes aquatiques se produise, et que ces plantes périssent lentement par leur pied constamment immergé, sans, toutefois, que leur croissance en hauteur soit altérée. Ces conditions sont réalisées par les Mousses, dont le développement exige l'absence de fortes chaleurs, un climat humide, et une eau limpide. Les tourbières n'existeront normalement pas entre l'Équateur et les limites des zones tempérées, ni dans les pays à sous-sol argileux; elles se développeront bien sur des sables, sur de la craie et même sur des pentes où il semblerait impossible à une nappe d'eau de se maintenir stagnante.

En général il n'est pas nécessaire que la nappe d'eau préexiste, elle peut être sur le végétal lui-même, à condition que celui-ci absorbe aisément l'humidité atmosphérique.

Ce rôle est rempli par les végétaux du genre *Sphagnum*, qui sont remarquables par leur avidité pour l'eau. Ces plantes se développent avec intensité dans les pays humides, à condition que les eaux soient limpides et la température peu élevée.

D'autres espèces végétales peuvent prendre part à la formation de la tourbe, ce sont les Mousses du genre *Hypnum*, et certaines Phanérogames, des Saxifrages (*Donatia*) et quelques Liliacées (*Astelia*).

Conditions physiques. — La limpidité de l'eau est un facteur de la première importance, ainsi que le libre accès de l'air. La température est également une cause de grande importance. La plus favorable est comprise entre 6 et 8°.

Donc, toutes les fois que, dans les zones tempérées, l'abondance de la vapeur d'eau dans l'air sera suffisante, et que les autres conditions énoncées plus haut seront remplies, on devra s'attendre à rencontrer de la tourbe (A. de Lapparent).

Quelle que soit la pente d'un terrain, les conditions seront satisfaites s'il est formé par du granite.

L'altération de cette roche donne naissance à un

sable superficiel, plus bas se concentre l'argile due à la décomposition du feldspath, les eaux ne peuvent ainsi s'infiltrer en profondeur, et la superficie restant spongieuse, l'ensemble constitue un terrain très favorable au développement des Sphaignes.

Tourbières des pentes. — De la sorte, un sol granitique donne naissance à une première catégorie de tourbières, dites *tourbières des pentes* et dont le caractère est d'être indifférentes à la pente du terrain (A. de Lapparent).

Des tourbières de ce genre s'observent, par 1000 mètres d'altitude, au Champ du Feu, sur la crête des Vosges ; on en rencontre dans les Alpes, les Pyrenées, l'Ariège, le Morvan et dans les autres régions montagneuses de l'Europe.

Tourbières des plaines. — Les grands marais des régions septentrionales pourront être, par opposition, rangés sous le nom commun de *tourbières des plaines*. L'humidité de l'atmosphère, et le peu d'élévation de la température annuelle, joints à la constitution du terrain anciennement rempli de champs de glace, forment des conditions excellentes au développement de la tourbe.

Telles sont les grandes tourbières de la Hollande, de l'Irlande et de l'Allemagne du Nord.

Un phénomène habituel aux tourbières des plaines est la surélévation du centre au-dessus des terrains environnants. Ce gonflement est l'effet de la vigueur du développement des Sphaignes qui entraînent le terrain sous-jacent. En outre, dans les marais, la masse mobile et spongieuse du sol se soulève toujours au printemps.

En Lithuanie, et dans le Holstein, existent des marais tourbeux, dont le centre est élevé de 8 à 16 mètres au-dessus du pays avoisinant (A. de Lapparent).

Tourbières des vallées. — Dans les vallées, les tourbières sont étroites, et garnissent uniquement le fond plat de la vallée.

Dans la Somme, par exemple, les végétaux qui, dans ces tourbières, produisent le minéral, sont des *Carex* et des *Hypnum*. Les conditions de croissance de ces plantes sont très analogues à celles qu'exigent les Sphaignes. On comprend, dès lors, qu'il soit nécessaire que la pente de la vallée soit faible, et que le cours d'eau en soit alimenté par des sources.

La Champagne étant, plus encore que la Picardie, une région à sous-sol perméable, toutes les vallées en sont occupées par des tourbières, alors que les crêtes sont crayeuses et dépourvues de végétation.

En facilitant l'écoulement des eaux par le creusement de rigoles, on arrive à supprimer le régime des tourbières dans une vallée. De même, l'extension de l'agriculture, amenant le défrichement des bois environnants, est une cause de diminution dans l'état d'humidité de l'atmosphère, et amène aussi la disparition des tourbières.

Le tissu cellulaire des Sphaignes, offrant la même composition que les fibres ligneuses du bois, il n'est pas surprenant de rencontrer des tourbières dans des forêts où les arbres abattus par les tempêtes ou morts de vieillesse s'accumulent dans des eaux stagnantes. Souvent même la destruction d'une partie de la forêt est la cause première de la stagnation des eaux. La tourbe formée, dans ce cas, prend naissance aux dépens des écorces, elle est plus riche en carbone que celle qui est produite par des Sphaignes.

Comparaison entre l'origine de la houille et celle de la tourbe. — La houille, comme la tourbe, a pris naissance aux dépens de végétaux terrestres. Mais d'une part la végétation houillère n'avait aucun caractère commun avec la végétation actuelle, ce qui a dû influer sur la nature finale du produit ; en plus, les conditions extérieures étaient très différentes des conditions que l'on observe aujourd'hui. La tourbe se forme uniquement dans les zones arctiques, ou tempérées froides, tandis qu'à l'époque carboniférienne, la terre jouissait d'un climat uniforme et comparable ou supérieur à celui des contrées tropicales actuelles.

Cires fossiles. — Pour terminer l'examen des combustibles minéraux il faut examiner ce qu'on nomme les *cires fossiles.*

Ce sont des carbures d'hydrogène, isomorphes de l'essence de térébenthine, et généralement cristallisés. Le plus souvent elles proviennent d'arbres résineux enfouis dans les tourbières.

Les principales sont :

1° La *Schéererite*, monoclinique, blanche, fusible, insoluble dans l'eau et les alcalis, soluble dans l'alcool, l'éther, les huiles grasses, l'acide azotique et l'acide sulfurique.

On l'a extraite des lignites d'Utznach (Suisse).

2° L'*Ozocérite* ou *paraffine naturelle*, est verte, molle quand on l'échauffe un peu, fluorescente, et soluble dans l'essence de térébenthine et le naphte, insoluble dans l'alcool et l'éther.

On la trouve dans des grès de l'époque tertiaire en Moldavie, dans le Caucase, et dans les Carpathes.

3° La *Fichtélite* est monoclinique, on l'obtient en traitant par l'éther, les bois de pin extraits de certaines tourbières du Fichtelgebirge.

Bitumes. — Ce sont des mélanges liquides ou solides d'hydrocarbures. On décrit :

1° *Naphte* ou *pétrole.* — Ce bitume est un liquide plus ou moins visqueux, blanc ou jaune, soluble dans l'éther et les huiles essentielles. C'est un mélange d'huiles légères (naphte) et d'huiles lourdes.

Près de Bakou, sur les bords de la mer Caspienne, on exploite d'importantes sources de pétrole; on en rencontre aussi en France, dans l'Auvergne, en Alsace, à Pechelbronn, et aussi en Toscane. Les sources les plus importantes, après celles de Bakou, sont celles de Pensylvanie.

2° *Asphalte.* — Bitume solide, noir, fondant au-dessus de 100°, il provient de l'altération du pétrole et peut être considéré comme un mélange de carbures d'hydrogène et de produits oxygénés.

On trouve de l'asphalte en France, dans l'Ain, à Seyssel, sur les bords du Rhône, à Volant-Ferrette, à Chavaroche près d'Annecy, et aussi en Auvergne. Hors de France, on en retrouve en Suisse, dans le Val-Travers, à Lobsann en Alsace, en Espagne, dans l'île de la Trinité (lac de Poix), etc.

Résines fossiles. — On connait un grand nombre de résines fossiles, qui sont des carbures d'hydrogène combinés avec de l'oxygène.

Succin ou *Ambre jaune.* — C'est une résine jaune de densité égale à celle de l'eau, transparente, à éclat résineux, facile à électriser par frottement. L'ambre fond vers 290°, brûle avec une flamme claire en répandant une odeur agréable. C'est la sécrétion d'un pin de l'époque tertiaire, dit *Pinus succinifer.*

On trouve le succin en gros échantillons à Lemberg (Galicie); en Prusse, sur les côtes de la Baltique, s'exploitent d'importants gisements. Le succin de Croatie renferme très fréquemment des insectes (Coléoptères, Lépidoptères diurnes et nocturnes) et des Arachnides; on a décrit plus de cent espèces de ces derniers.

Copaline. — Résine amorphe, trouvée dans les argiles de Londres.

Enosmite. — Dégage en brûlant une odeur de

camphre et de romarin, elle s'extrait des lignites de Bavière.

Tasmanite. — Cette résine fossile contient du soufre.

Elle abonde dans les schistes de la Mersey (Tasmanie).

Pyropissite. — Elle forme des masses grises dans les lignites de Weissenfels. Fusible à 100°, facilement réductible en poudre.

Rétinasphalte. — Résine jaune ou brune, se trouvant en nodules arrondis dans la tourbe et les lignites de Moravie.

CHAPITRE XI

MÉTÉORITES.

L'étude des météorites se rattache à celle des roches lourdes ou basiques du globe. Leur origine, relativement aux masses planétaires dont elles sont des fragments, est certainement interne, et leur analogie avec les roches terrestres contenant du péridot, du fer natif et de l'enstatite est indiscutée. On peut donc les étudier comme pouvant fournir de précieux renseignements sur la constitution des couches profondes de l'écorce terrestre (Daubrée).

Chutes des météorites. — On a démontré, et il est admis, actuellement, que les météorites sont des projectiles lancés soit par les volcans terrestres, soit par les volcans lunaires (fig. 98 et 99).

En général, les météorites sont recouvertes d'une croûte noire, mate, et peu épaisse, elle résulte d'une fusion superficielle causée par l'incandescence du bolide dans son passage à travers l'atmosphère.

Cette croûte est ridée suivant la direction parcourue par les fragments, elle porte des impressions en creux (*cupules*) causées par le tourbillonnement des gaz que, dans la chute, les météorites chassent devant elles. C'est à la pression de ces gaz qu'on attribue l'éclatement et la division en fragments des météorites (Daubrée).

Classification des météorites. — Ce qui caractérise

Fig. 98. — Météorite.

les météorites, c'est la proportion plus ou moins grande de fer natif et de nickel qu'elles contiennent.

Certaines météorites sont entièrement formées de fer natif, on les désigne sous le nom de *Holosidères* (Daubrée).

D'autres sont entièrement dépourvues de métal

à l'état libre, ce sont les météorites charbonneuses ou *Asidères* (Daubrée). La transition de l'une de ces

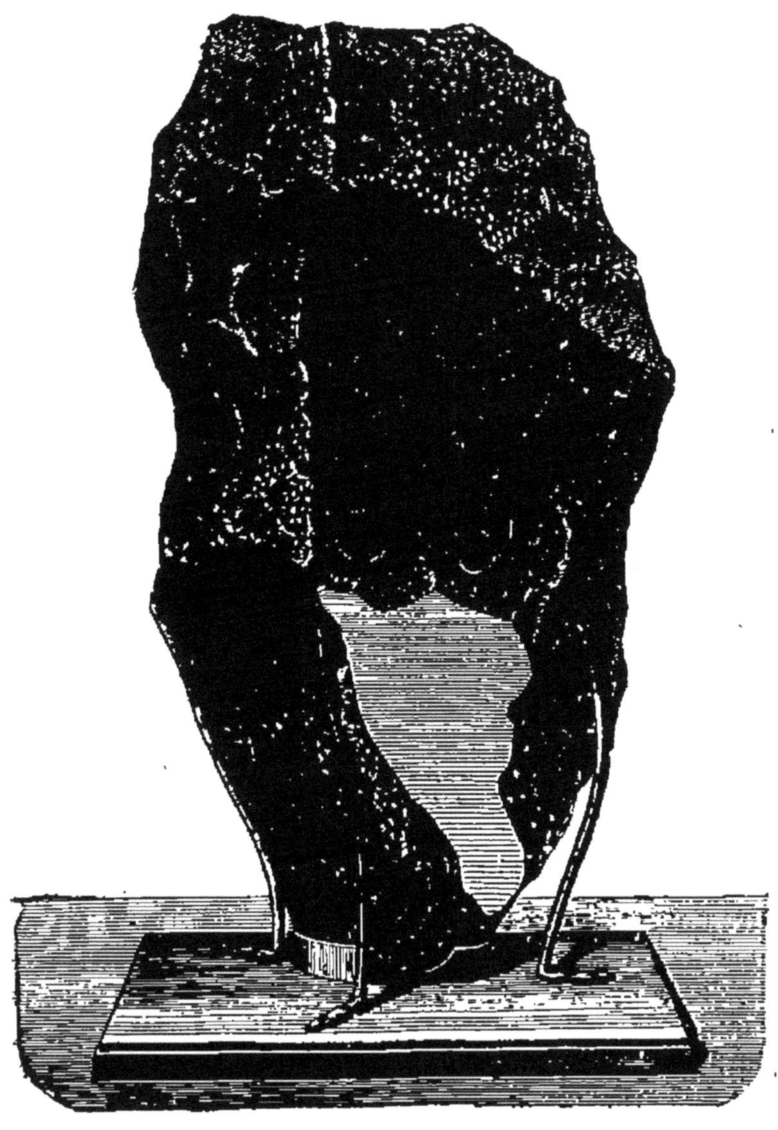

Fig. 99. — Météorite.

formes à l'autre se fait par des météorites où des parties pierreuses sont disséminées dans une pâte métallique. On donne à cette forme le nom de *Syssidères*.

Lorsque au contraire le fer natif est disséminé dans une masse pierreuse, la météorite devient un *Sporadosidère*, et cette dernière suivant l'abondance du métal est un *Polysidère*, un *Oligosidère* ou un *Cryptosidère* (Daubrée).

Fer. — Dans les météorites, le fer est allié à divers métaux. Le plus constant de ceux-ci est le nickel qui, dans certains cas, forme 17 p. 100 de la masse.

On rencontre encore la *troïlite* (protosulfure de fer) sous forme de rognons entourés parfois de graphite, et de la *schreibersite* (phosphure triple de fer, de nickel et de magnésium).

Un fer météorique soumis à l'action d'un acide, après polissage de sa surface, laisse apparaître des figures géométriques dites *figures de Widmanstätten* (fig. 100).

Dans ces figures, un réseau en relief est formé par une matière inattaquée. Cette matière est la schreibersite, disposée en lames minces groupées suivant les faces d'un octaèdre régulier.

On a trouvé, condensé dans un fer météorique, une quantité notable d'hydrogène libre.

La pyrite magnétique, ou *pyrrhotine*, s'associe souvent au fer météorique ; elle se montre nickelifère, et mélangée de graphite. L'origine de cette pyrrhotine a été révélée par l'expérience suivante.

A la température du rouge on fait passer des vapeurs de sulfure de carbone sur une barre de fer, celle-ci se recouvre d'une pellicule bronzée de pyrrhotine. En dissolvant ce produit dans un acide, on obtient un mélange de soufre et de graphite, comme lorsqu'on attaque la pyrite magnétique qui réunit les fragments des fers météoriques bréchiformes (Daubrée).

Le fer chromé est très répandu dans les météorites, mais en proportions faibles.

Fig. 109. — Figures de Widmanstätten dans les météorites.

La présence du diamant noir a été reconnue dans quelques échantillons de fers natifs météoriques.

Parties pierreuses. — L'étude des Syssidères et des Sporadosidères montre que les parties pierreuses sont constituées par des silicates appartenant au groupe des péridots ou des pyroxènes, à l'enstatite ou à la bronzite, quelquefois au labrador ou à l'anorthite.

Certaines météorites ont la même composition que les laves de l'Etna, d'autres offrent les caractères d'une roche de la Nouvelle-Zélande, la *dunite.* Enfin, quelques observateurs ont reconnu, dans certaines météorites, des traces de pâte vitreuse avec texture fluidale.

D'après cela, il est visible que les météorites ne contiennent aucun corps simple inconnu sur le globe terrestre, mais les silicates qui les constituent se rapprochent beaucoup de ceux qui entrent dans la composition des roches péridotiques, on peut encore ajouter ce fait remarquable que le fer chromé et le nickel sont représentés dans ces roches terrestres, comme dans les météorites. La différence principale est la substitution, dans la roche d'origine cosmique, du fer natif, à la magnétite des roches terrestres, ce qui caractérise un état d'oxydation moins avancé.

Lorsqu'on fond une météorite pierreuse, on obtient une masse silicatée contenant du fer, au lieu d'obtenir un produit analogue à la croûte noire qui recouvre, le plus souvent, ces corps. La masse silicatée est cristalline, c'est un mélange d'enstatite et de péridot, celui-ci se montrant surtout à l'extérieur (Daubrée).

En soumettant, d'autre part, à l'action réductrice du carbone ou de l'hydrogène, des roches telles que la péridotite ou la lherzolite, le produit obtenu est identique à celui de la fusion des météorites, on y rencontre même le fer nickelifère provenant de la réduction de la magnétite et de la combinaison du fer avec le nickel, qui existe dans la plupart des péridots. Les phosphates sont, en même temps, réduits en phosphures.

Il résulte de là que si l'oxydation des roches basiques est moindre que celle des roches acides, les météorites, à leur tour, sont moins oxydées que les roches basiques, et cette oxydation moindre est marquée par la présence du fer natif et du péridot.

Le phosphure de fer des météorites est analogue à certains produits recueillis dans les houillères incendiées. A Commentry, on a trouvé un minéral formé par la fusion des assises qui encaissent la couche de houille, et contenant du fer, du phosphore, de l'arsenic et du soufre, sensiblement dans les mêmes proportions que la *rabdite*, fer phosphoré des météorites.

Constitution des couches profondes de l'écorce terrestre. — On peut donc penser qu'au-dessous des profondeurs d'où ont jailli les roches péridotiques, existe une zone où l'action oxydante est assez faible pour que des produits semblables aux météorites puissent se développer.

Ces produits, dont les éléments principaux sont le fer, l'oxygène et le silicium, résultent d'une faible oxydation opérée aux dépens d'un bain métallique. En effet, en chauffant sur une sole de magnésie, du siliciure de fer dans une atmosphère peu oxydante, on obtient du fer métallique, du péridot et du pyroxène. Ce résultat se produit, quelquefois, dans l'affinage du fer. Quand ce métal est allié au nickel, ce dernier se concentre dans le fer métallique, et si l'alliage contient du phosphore, le phosphure triple de fer, de nickel et de magnésium prend naissance.

Le péridot est donc une scorie résultant du premier degré d'oxydation de la masse métallique fondue qui forme le noyau interne et si ce minéral, répandu seulement dans les roches basaltiques, n'est pas plus commun à la surface, c'est qu'en traversant les masses acides il a dû se transformer en silicate moins basique (Daubrée).

La considération des densités comparées des laves pyroxéniques et des météorites, montre une progression ascendante lorsqu'on part des péridotites dont la densité est de 3,37 pour aboutir aux holosidères dont le poids spécifique atteint 8.

Les météorites, rangées par ordre de densité (polysidères 6.5, syssidères 7,8, holosidères 8,0) forment une série qui prolonge, dans la profondeur, celle des roches connues, la jonction des deux séries se faisant par les péridotites.

On peut donc, semble-t-il, conclure qu'il doit exister, dans la profondeur, des nappes riches en éléments ferreux non oxydés et plongées dans un milieu réducteur où dominent le carbone et l'hydrogène (Daubrée).

Cette conclusion confirme l'opinion déjà émise par Élie de Beaumont, que c'est à une sorte de coupellation naturelle qu'est due la formation de l'écorce terrestre. L'hydrogène plus léger s'est répandu à l'extérieur, formant par son union avec l'oxygène la masse liquide qui couvre le globe, les parties supérieures de la masse solide se sont formées aux dépens des produits d'oxydation des métaux légers, au-dessous se déposait une assise péridotique, riche en oxyde de fer, s'interposant entre la croûte légère et un bain de fer soumis à l'action d'un milieu essentiellement réducteur (A. de Lapparent).

CHAPITRE XII

AGE DES ROCHES ÉRUPTIVES.

Détermination de l'âge des roches. — L'âge des roches éruptives peut se déterminer, en partie, par l'observation de leurs relations mutuelles, une roche quelconque étant, nécessairement, plus ancienne que celle qui se fait jour au travers de sa masse.

Ce mode de détermination ne peut être employé que pour les roches d'un même massif. Dans la plupart des cas, les centres d'éruption sont trop éloignés les uns des autres pour que des rapports de pénétration puissent être observés.

Lorsqu'il s'agit de roches s'entre-croisant dans un massif, l'âge peut se déduire des rejets éprouvés par les filons, aux points de croisement. Un filon peut se trouver morcelé et chacun des fragments est rejeté latéralement par rapport à celui auquel il faisait, originairement, suite.

Plus souvent, on relève des rapports entre les roches éruptives et les dépôts détritiques encaissants. Or l'âge des dépôts détritiques est établi, à peu près partout, avec précision. On peut donc déduire de certaines observations l'âge d'une roche. Dans quelques cas, on peut préciser l'époque où la roche s'est épanchée à travers l'écorce solide.

Les principes de la détermination de l'âge des roches sont les suivants.

I. *Toute roche éruptive est plus jeune que les terrains stratifiés ou non qu'elle traverse.* Mais, il ne suffit pas que l'on ait constaté la non pénétration d'une couche par un filon pour admettre que cette couche se soit déposée postérieurement à la roche éruptive. D'abord, certains terrains se prêtent mal à la production des fentes ; d'autre part, les filons ne s'étendent qu'à une certaine distance du massif principal dont ils ne sont que les ramifications.

La structure cristalline des filons éruptifs les défend bien contre les agents atmosphériques, aussi, quand ils atteignent la surface du sol, observe-t-on qu'ils se détachent en saillie, formant une masse irrégulière qu'on nomme *dyke*. Ce nom s'applique aussi aux filons que l'on rencontre dans la profondeur, par exemple à ceux qui viennent interrompre la continuité des strates du terrain houiller.

II. *Une roche éruptive est plus jeune aussi que les terrains qu'elle métamorphise.* Il faut encore distinguer entre les phénomènes d'altération dus à une cause étrangère, et ceux de métamorphisme proprement dit. Certains massifs éruptifs ont été poussés mécaniquement au milieu de dépôts plus jeunes, longtemps après leur consolidation. Or les dislocations et les phénomènes de contact ont pu modifier les sédiments. Enfin, le métamorphisme peut être produit par des filons secondaires d'âge plus récent, et non par le massif éruptif principal.

Présence des conglomérats. — Lorsqu'au milieu d'un conglomérat dont l'âge a été relevé, on trouve des cailloux roulés d'une roche d'origine interne, *la sortie de la roche a précédé la formation du conglomérat.*

L'intercalation de tufs entre des assises définies, fournit, aussi, un procédé de détermination précis, à cause des fossiles qu'ils renferment souvent.

Age d'une coulée. — L'âge d'une nappe ou d'une coulée n'offre aucun doute si l'on arrive à démontrer qu'elle s'est épanchée à l'air libre, ou sous l'eau, par-dessus les assises sédimentaires qu'elle recouvre. Il arrive, souvent, que l'on prend pour des nappes des épanchements horizontaux, placés entre les surfaces de séparation de sédiments déjà consolidés. En effet, dans les mouvements de dislocation qui précèdent la sortie des roches éruptives, ces surfaces offrent des points de division dont profite la matière fondue. En pareil cas, on doit chercher si les assises encaissantes n'ont pas été modifiées par la matière en fusion, au-dessus et au-dessous de la coulée.

Conglomérats de friction. — L'affleurement de certaines roches d'origine interne peut former un massif dont le contact, avec les terrains encaissants, a les allures d'une faille. La paroi de la faille se montre, en ce cas, tapissée d'une masse composée de fragments anguleux et froissés empruntés aux deux terrains en contact. Ce garnissage est dit *conglomérat* ou *brèche de friction*. L'existence de ce conglomérat tend à prouver que la roche éruptive était déjà consolidée dans la profondeur, et qu'une dislocation de l'écorce l'a amenée au milieu des terrains qui l'encaissent actuellement.

Transformations métamorphiques. — L'activité des roches éruptives a produit dans les terrains environnants, ou dans les filons préexistants qu'elle traversait, des phénomènes dont il a déjà été parlé et qu'on réunit sous le nom de *métamorphisme* (Voy. p. 75). Il convient de distinguer plusieurs formes du métamorphisme.

Métamorphisme de contact. — Le *métamorphisme de contact* est le phénomène d'altération physique ou chimique du terrain traversé, dû à l'influence directe de la roche éruptive. Quand il se montre, il apporte une preuve décisive de l'antériorité du terrain encaissant.

Les modifications physiques sont dues à la chaleur, et n'apparaissent que dans une zone peu étendue. Elles ne se produisent guère que sous l'action de roches voisines des laves modernes.

Les modifications chimiques, sont des réactions amenant la formation de silicates, dont les éléments sont fournis par la roche éruptive, et par le terrain encaissant. La zone où se montrent ces phénomènes est, en général, peu étendue. Le métamorphisme chimique est exercé, surtout, par des roches granitoïdes. Il est nul pour les roches volcaniques.

Métamorphisme périphérique. — Dans le *métamorphisme périphérique*, on envisage l'action des liquides et des vapeurs qui accompagnaient l'épanchement, cette action a pu s'étendre au loin. Ses effets sont un durcissement du terrain encaissant, pénétré d'émanations siliceuses, ou un remaniement des éléments constituants, avec production de minéraux cristallisés.

L'action des roches granitiques sur les terrains encaissants donne un bon exemple de métamorphisme périphérique.

Lorsque des roches anciennes sont enclavées dans des coulées éruptives, ou dans des tufs, il se produit encore des phénomènes de métamorphisme. Un exemple remarquable est montré par le gneiss à cordiérite enclavé dans le trachyte, qu'on peut observer au rocher du Capucin, dans la vallée du Mont-Dore. Certains minéraux restent intacts, ce sont : l'andalousite, la cordiérite, la sillimanite, le grenat et le corindon. Le quartz et le feldspath sont résorbés, il se produit de l'orthose de nouvelle formation et les géodes résultant de la résorption sont tapissées d'orthose, de tridymite, d'hypersthène, de magnésite, de spinelle et d'oligiste. Le mica biotite devient un mélange d'hypersthène et de magnésite (Lacroix).

De même, les pegmatites du Cantal sont changées en roches riches en sanidine (*Sanidinites*) par contact avec des trachytes (Lacroix).

En général, au contact de roches basiques, les enclaves ne subissent que des transformations physiques; au contact de roches neutres et acides, les modifications sont d'ordre chimique, l'intervention de la vapeur d'eau, des silicates alcalins, et des bases, s'est probablement fait sentir à une température élevée (Lacroix).

Les laves du Vésuve ont exercé sur les calcaires sous-jacents une action métamorphique, qui a donné naissance à des cristaux de mica, d'idocrase, de grenat, de hornblende, etc.

Les enclaves de la Somma décèlent l'action prolongée d'agents puissants comme le chlore ou le fluor (Lacroix).

Endomorphisme. — L'*endomorphisme* est l'action exercée par le terrain encaissant sur la roche. L'influence du terrain se traduit, très fréquemment, par un accroissement, sur une faible étendue, du grain de la roche.

Les émanations contemporaines de l'épanchement éruptif peuvent avoir une action immédiate sur les conditions de consolidation. Cette variété d'endomorphisme est quelquefois nommée *diamorphisme*.

Si on admet que la texture des roches acides anciennes est due à l'influence de dissolvants minéralisateurs, il est clair que les éléments fluides qui accompagnaient la sortie des roches ont pu réagir sur une roche similaire, déjà consolidée. Dans le Morvan, on constate le passage de la granulite au granite et au gneiss; le passage du porphyre microgranulitique à la granulite et d'autres transformations diamorphiques (Michel Lévy).

Dynamométamorphisme. — Le *dynamométamorphisme* est le métamorphisme qui résulte des actions mécaniques auxquelles les roches ont été soumises au moment des efforts orogéniques; on lui attribue, actuellement, les actions qui ont imprimé, par exemple, aux roches soumises à la pression, une structure schisteuse et une texture cristalline.

Métamorphisme statique. — On désigne sous le nom de *métamorphisme statique*, l'ensemble des transformations qui se produisent dans les roches profondes par l'action des gaz et des vapeurs comprimés. On range parmi ces transformations, celle, entre autres, de l'orthose en microcline.

Division des éruptions. — Dans la majeure partie des pays étudiés, principalement en Europe, on observe une séparation nette entre l'activité des temps primaires et celle des époques plus récentes. Les géologues décrivent, aujourd'hui, deux séries d'éruptions, une série *primaire* ou *ancienne*, et une série *postprimaire* ou *récente*, les types les mieux caractérisés de cette dernière appartiennent à l'ère tertiaire (1).

I. — Série ancienne.

Succession des roches acides. — L'ordre de succession des roches éruptives est très constant et très régulier.

Les *granites vrais* sont les plus anciens, beaucoup sont d'âge précambrien. Puis, entre le dévonien et le début du carboniférien, s'échelonnent, des *granulites;* ce n'est qu'à partir de cette dernière période qu'apparaissent des *granitophyres*, des *granophyres ;* et enfin des *felsophyres* qui n'ont commencé à s'épancher que pendant la période permienne.

Il semble donc qu'il se soit produit une diminution progressive dans la cristallinité, jusqu'à l'appa-

(1) Pour la succession des terrains sédimentaires dont il sera forcément question dans les pages qui suivent, voir H. Girard, *Aide-mémoire de Géologie* et *Aide-mémoire de Paléontologie.*

rition de la matière amorphe, abondante dans les porphyres pétrosiliceux.

Rapports entre la texture et le mode d'épanchement. — On attribue cette diminution progressive à un caractère de plus en plus superficiel des éruptions. Les granites et les granulites, qui sont des roches de profondeur, n'ont pu arriver à la surface, et se sont logés sous les plis de l'écorce superficielle. La pression y était assez puissante pour maintenir les dissolvants et favoriser une cristallisation lente, en même temps, ces roches produisaient dans les roches environnantes un métamorphisme régulier.

Les granophyres forment des filons, et c'est avec les felsophyres qu'apparaissent les véritables coulées et les tufs, indices de conditions superficielles.

Il est dès lors aisé de comprendre que les granophyres, rapidement consolidés, à cause de leur masse moindre, aient pris une texture plus compacte, et que l'absence de pression permettant le départ des dissolvants, et l'exposition à l'air entraînant le refroidissement, aient gêné la cristallisation dans les felsophyres.

En résumé, la différence des types résulte des circonstances de l'éruption.

Rôle des roches basiques. — Dans chaque série éruptive, les types basiques précèdent les émissions acides. Les diabases et les diorites précèdent les granites, qui eux-mêmes sont traversés par les granulites. Les orthophyres et les porphyrites se montrent avant les granophyres.

On admet, d'après ces faits presque constants, que dans chaque masse éruptive, s'est produit un départ d'éléments basiques laissant un résidu acide. Cette transformation a dû s'accomplir dans les foyers granitiques, car l'étude microscopique montre les éléments séparés par ordre de basicité décroissante.

On rencontre souvent des granites francs qui n'ont pu envoyer, dans les roches environnantes, qu'une micropegmatite de quartz et de feldspath, résidu acide resté seul assez liquide pour se frayer un chemin dans les schistes.

Répartition géographique des épanchements. — Les épanchements anciens, qui ont eu un caractère superficiel, gagnent, avec le temps, les régions méridionales.

Dans les dépôts de la période précambrienne, on ne trouve de tufs et de coulées que dans les régions septentrionales du lac Supérieur, du pays de Galles, des îles Anglo-Normandes. Les tufs de la période silurienne atteignent la baie de Douarnenez. Ceux de la période dévonienne sont développés dans la région rhénane, contre le massif Ardennais. Dans les Vosges, le Morvan, le Plateau Central, le Dauphiné, se montrent les tufs orthophyriques de la période carboniférienne ; et les brèches porphyriques de la période permienne se déploient jusque dans les monts des Maures et le massif de l'Esterel.

Ce déplacement méridional de la zone éruptive s'explique aisément, car les manifestations volcaniques se produisent sur les systèmes de fentes qui marquent le bord des régions affaissées. Or, dans l'hémisphère nord, le progrès des masses continentales vers le sud est constaté depuis la période archéenne jusqu'à la période permienne.

Massifs éruptifs de la Grande-Bretagne et de l'Irlande. — I. *Écosse.* — Dans le massif de la Grande-Bretagne, les plus anciennes éruptions ont eu lieu, en Écosse, dès la période archéenne. Les gneiss s'y montrent traversés par des dykes de diabases, auxquelles ont succédé, des péridotites, traversées, à leur tour, par des granites avec ou sans amphibole. Par dynamométamorphisme, ces roches sont devenues des schistes amphiboliques, des schistes à séricite, ou des gneiss granitoïdes.

Plus tard, des felsophyres, et des diorites porphyroïdes ont pénétré les diverses couches du silurien inférieur.

Dans le vieux grès rouge dévonien, apparaissent des nappes de porphyrite avec tufs subordonnés.

Dans ces régions, l'activité volcanique paraît diminuer pendant la période dévonienne, puis réapparaît pendant le carboniférien. Des laves formées de porphyrites basiques, d'orthophyres riches en sanidine et de diabases ophitiques, formant des nappes avec tufs bien caractérisés.

A partir de cette époque, la région écossaise n'a plus été traversée que par des projections de diabases à olivine, les couches inférieures du terrain carboniférien sont régulièrement traversées par des porphyrites micacées.

Le dépôt des couches carbonifériennes moyennes et supérieures n'est accompagné d'aucune manifestation éruptive.

Pendant la période permienne, réapparaissent les porphyrites et les tufs.

II. *Pays de Galles.* — Dans cette région, la période précambrienne et le début de la période silurienne (époque cambrienne), ont été accompagnés d'éruptions de felsophyres et de diabases, puis, ont eu lieu des éruptions de diabases à olivine, de porphyrites, de granites et de granophyres.

A la fin de l'époque cambrienne ont eu lieu de grandes éruptions. On rencontre, en effet, sur une épaisseur considérable, des cendres andésitiques, des felsophyres, des diabases, alternant avec les dépôts schisteux, un épanchement de diabase ophitique a mis fin à cette époque.

L'étude de ces matériaux établit leur nature volcanique, il est admissible que la plupart sont issus d'éruptions sous-marines.

III. *Cumberland.* — La fin de l'époque cambrienne est marquée dans cette région par des épanchements de porphyrites andésitiques à pyroxène et de felsophyres. On y rencontre aussi des dykes de diorite, des ortholites et des kersantites.

La fin de la période silurienne a vu des éruptions de roches granitoïdes acides, des syénites, et des granulites.

IV. *Irlande.* — L'étage ordovicien a été dans cette île le théâtre d'éruptions de felsophyres, que l'on trouve alternant avec des couches fossilifères. L'étage gothlandien a vu, également, se produire des éruptions de porphyrites et de felsophyres.

Les grès rouges dévoniens sont entremêlés, comme en Écosse, de diabases, de porphyrites et de tufs.

Les porphyrites et tufs porphyritiques de la période carboniférienne sont également bien développés.

Massifs éruptifs Armoricains. — Il faut distinguer, dans le massif armoricain, trois régions : les îles Anglo-Normandes, le Cotentin, et la Bretagne.

I. *Iles Anglo-Normandes.* — Les épanchements ont eu lieu entre le dépôt des schistes précambriens et celui des poudingues pourprés de l'étage cambrien.

La roche la plus ancienne est la diabase de Saint-Hélier qui prend parfois la composition d'une diorite quartzifère, elle est traversée par un granite à amphibole qui a saturé de silice la grauwacke précambrienne. Puis s'est épanchée une granulite sans mica, devenant une pegmatite (Mont-Mado) ; en traversant la diorite, elle se change en micropegmatite à amphibole.

Après l'éruption de la granulite, les éruptions deviennent basiques et cessent de se localiser en profondeur. Les orthophyres et les porphyrites (très semblables au porphyre vert antique) apparaissent, puis des felsophyres, et des granophyres rouges. Les pyromérides de Jersey en sont une variété.

Toutes ces roches se trouvent en fragments dans le poudingue cambrien qui se montre lui-même traversé par des diabases granitoïdes et des porphyrites micacées.

II. *Cotentin.* — La roche éruptive qui semble la plus ancienne, dans le Cotentin, est le granite. L'éruption semble avoir eu lieu peu de temps après le dépôt précambrien des phyllades de Saint-Lô, et on trouve, dans les poudingues qui supportent le grès armoricain (début de l'étage ordovicien en Bretagne), des schistes granitisés, et du granite identique à celui de Vire.

Le granite du Cotentin forme de longues bandes, courant, au milieu des schistes précambriens, de l'ouest à l'est. Il forme des filons de plusieurs kilomètres de largeur. Ces granites envoient dans les phyllades des filons réguliers.

Le granite du Cotentin est une roche du type du granite dit de Vire. Il devient porphyroïde par le développement des cristaux d'orthose (granite de Cherbourg) et cette roche pourrait être moins ancienne que la première.

Il fait subir aux phyllades un métamorphisme périphérique qui consiste en une transformation du schiste, en schiste micacé à nodules qu'on nomme habituellement *schiste maclifère.* Le schiste à nodules devient aux environs d'Avranches, une roche dure, la *cornéenne.*

On a décrit sous le nom de *syénite du Cotentin,* le granite à amphibole, pauvre en quartz, de Coutances, et sous le nom d'*amphibolite,* la diorite à amphibole qui traverse le grès armoricain au cap Fréhel.

A Flamanville (environs de Cherbourg), le granite

à grands cristaux, traverse les schistes ordoviciens et sa sortie est postérieure aux dépôts des couches coblentziennes de la période dévonienne.

Les diabases existent aussi dans le Cotentin, elles traversent les phyllades et les schistes maclifères, mais rien ne permet encore d'affirmer qu'elles soient antérieures à la période silurienne.

Il en est de même de la granulite tourmalinifère, identique au granite stannifère de Cornouailles, qui forme l'îlot du mont Saint-Michel, et les filons d'Avranches.

On assigne à cette roche un âge dévonien.

La frontière Est du Cotentin montre un porphyre quartzifère sur lequel repose le terrain houiller de Littry. Les conglomérats de ce terrain contiennent des galets de ce porphyre. Le bassin de Littry renferme une porphyrite micacée qui peut être de la période carboniférienne.

III. *Bretagne.* — Dans le Trégorrois (région comprise entre Paimpol et Lanmeur), la série éruptive concorde avec celle de Jersey.

Vers la fin des dépôts précambriens, se sont épanchées des diabases, puis est venu un granite à amphibole, envoyant des veines de microgranite. Les dépôts sédimentaires ultérieurs sont ensuite traversés par une porphyrite semblable au porphyre vert antique, et la série précambrienne s'est achevée par des expansions de granophyres et de felsophyres (Barrois).

Pendant l'époque cambrienne, des porphyrites et des diabases ophitiques ont fait irruption.

Le granite porphyroïde semble, dans cette région, postérieur à la période silurienne, et la granulite date de la période carboniférienne (Barrois).

Le Trégorrois est la région la plus méridionale où l'on puisse constater des éruptions de l'âge précambrien. Les granites se poursuivent en Bretagne, et l'on peut leur assigner les âges suivants (Barrois).

1° Ages précambriens : les granites de Pont-Aven et d'Hennebont ;

2° Fin de la période précambrienne : les granites à amphibole de Lanmeur et de Lanildut ;

3° Age cambrien : les granites de Guingamp et de Kersant ;

4° Ages dévoniens : le granite à amphibole de Morlaix ;

5° Époque dinantienne (début de la période carboniférienne) : le granite porphyroïde de Rostrenen.

Tous ces granites ont exercé des actions métamorphiques considérables.

La granulite, en Bretagne, est postérieure au granite, elle est traversée par des veines de pegmatite (Guérande, Carnac, Quiberon).

Les diorites quartzifères sont des roches du terrain primitif (Barrois), mais les diorites de Concarneau et de Créach'Maria traversent les granites, de même que les diabases qui forment des filons d'une très grande puissance.

Elles semblent localisées dans la période silurienne. On en trouve un grand nombre de variétés : des diabases à andésite et à labrador, des diabases à olivine, des diabases ophitiques, ces dernières faisant le passage aux porphyrites augitiques.

Pendant la période dévonienne, il ne s'est manifesté aucune éruption.

Au contact de ces roches, les schistes sont fortement métamorphisés.

Les assises dévoniennes sont traversées par des granophyres voisins des elvans, et passant au pétrosilex (Barrois). On les trouve en coulées dans l'île Longue (rade de Brest) et en galets dans les conglomérats houillers de Quimper. A ces roches se rattachent le porphyre truité de Sillé-le-Guillaume (Sarthe), et, dans la Basse-Loire, des porphyres quartzifères traversant l'étage dinantien.

Aux environs de Brest, la kersantite traverse un granulophyre injecté lui-même dans une assise dévonienne. La kersantite passe, par transitions insensibles, au porphyre micacé, et la fréquence de cette dernière roche dans les dépôts carbonifériens de Littry autorise à faire parvenir jusqu'à la période permienne l'âge de la kersantite.

Massif des Vosges. — Dans les Vosges, l'axe du terrain fondamental est le granite dont on distingue deux types : l'un, granite à grain fin, de Remiremont et du Hohneck ; l'autre, granite à grands cristaux ou granite porphyroïde, qui forme la base du massif et la crête de la chaîne du col de Bussang au col du Bonhomme.

Les granites à amphibole, les syénites et les diorites, sont plus récents que le granite vrai. Entre le dévonien et le carbonifère, ont eu lieu des éruptions de kersantites et de syénites micacées. La granulite est tantôt injectée dans les gneiss, tantôt dans le granite à amphibole. Elle traverse les diorites. Dans son ensemble, elle forme une zone extérieure à la bande granitique. Elle seule affleure sous le trias, dans la région comprise entre Remiremont, Épinal, Vittel et Bourbonne.

Les porphyres granitoïdes de Saint-Amé et de Rochesson sont les roches porphyriques acides les plus anciennes. Des granophyres leur ont succédé. Puis, pendant la période carboniférienne, sont venues des porphyrites dont l'âge est nettement indiqué par leur liaison avec les couches dinantiennes. A ces porphyrites se rattachent les porphyres diabasiques de Giromagny et les roches de Raon-l'Étape.

Les éruptions permiennes ont débuté par des tufs argileux, entremêlés de coulées de felsophyres. Les felsophyres de Raon-l'Étape, de Raon-les-Eaux, d'Hérival, paraissent contemporaines (Vélain). Pendant l'étage saxonien (grès rouge moyen), se sont produits les premiers épanchements de mélaphyres, et la formation de l'étage thuringien (grès rouge supérieur) a été accompagnée d'épanchement des mélaphyres andésitiques et augitiques de la Grande-Fosse (Vélain).

Les porphyres semblent n'avoir exercé aucune action métamorphique, en revanche ils paraissent avoir subi l'endomorphisme des granites voisins.

Massif du Plateau Central. — Dans les gneiss, et dans les schistes cristallisés du Plateau Central, le granite forme des filons et de grands massifs.

On distingue encore un granite à grain fin et un granite porphyroïde à grands cristaux d'orthose. Le granite commun est du type de celui de Vire; il forme les régions qui environnent Ussel, Guéret, Limoges.

Le granite porphyroïde s'observe à Coudes, à Meymac; au pied du Puy de Dôme, on l'observe, nettement injecté dans des schistes précambriens. Il est aussi très développé dans la Lozère, la Haute-Loire et le Cantal. La trainée granitique du Forez, qui s'étend du Puy jusqu'aux environs de Moulins, sépare la région occidentale, dont les injections granitiques se dirigent vers la Bretagne, de la région orientale où les bandes granitiques sont orientées du sud-ouest au nord-est vers la Forêt Noire et les Vosges.

A Pradas, dans le Puy-de-Dôme, le granite porphyroïde envoie dans les schistes précambriens un filon, qui, au microscope, offre la structure de la porphyroïde des Ardennes (voy. p. 174). D'autres actions métamorphiques du granite s'observent à Saint-Léon (Allier), où les schistes précambriens subissent des modifications profondes. Dans le Morvan, le granite transforme les schistes en schistes maclifères (A. Michel Lévy).

En Auvergne, les diorites et les diabases sont en rapport avec les dépôts précambriens et, comme eux, disloquées par le granite.

Dans le Beaujolais, au contraire, ces roches semblent les plus anciennes (A. Michel Lévy). Souvent elles métamorphisent les schistes et les transforment en *cornes vertes*.

La granulite tourmalinifère, ou granite à mica blanc, forme dans le Plateau Central, dans la Corrèze, et dans la Creuse des chaînes de montagnes arrondies (chaîne de Blond, massif d'Andouze). La roche est antérieure à la période carboniférienne, car les couches déposées à cette époque en contiennent des galets. Beaucoup d'auteurs considèrent cette roche comme s'étant épanchée pendant la période dévonienne. On y rencontre de nombreuses veines de pegmatites. Mais il n'est pas nettement démontré que les pegmatites du Plateau Central soient du même âge. Beaucoup d'entre elles forment, au milieu du granite, des veines de concrétions.

Dans le Limousin, des gîtes stannifères, des pegmatites et des kaolins sont liés à la granulite tourmalinifère, et décèlent un mode particulier d'épanchement de la roche, venue un jour, croit-on, au milieu d'émanations fluorées.

Les filons de granulite s'observent au milieu du granite, dans le département du Puy-de-Dôme. Aux environs d'Aurillac, ils occupent une vaste région; les filons pénètrent les gneiss et le granite et s'y transforment, parfois, en pegmatite graphique. Quand la granulite traverse le gneiss à amphibole, elle perd ses cristaux d'orthose et de mica, et se réduit à un mélange d'oligoclase et de quartz (Fouqué).

Les granulites du Morvan sont postérieures au granite, elles ont percé les couches dévoniennes, sans avoir attaqué, semble-t-il, les dépôts carbonifériens. Des éruptions d'ortholite et de kersantite les accompagnent.

Dans le Beaujolais, ces roches traversent le granite mais n'atteignent pas l'étage dinantien (base du terrain carboniférien). L'elvan accompagne la granulite dans beaucoup de régions du Plateau Central, et l'on retrouve des galets de ces diverses roches dans les conglomérats du terrain houiller.

Dans le Morvan, les dépôts schisteux carbonifériens sont recouverts par des tufs porphyritiques alternant avec des couches schisteuses. Au sommet, se montrent des coulées de porphyre noir ou orthophyre.

Dans le Beaujolais, l'étage dinantien contient une masse de porphyrites formant la base de tufs orthophyriques avec masses d'orthophyre.

Les granulophyres (ou porphyres quartzifères) ont apparu, dans le Morvan, après le dépôt des couches dinantiennes. Leurs coulées sont orientées du nord-est au sud-ouest.

Dans la Loire, on voit les granulophyres traverser les orthophyres, et on les retrouve, en galets roulés dans les poudingues de la base de l'étage stéphanien (assise supérieure de la période carboniférienne) à Autun, à Decise, à Sincey, etc. A peu près en même temps que ces roches, s'épanchaient des porphyres à quartz globulaire. Ces roches et les granulophyres ont été traversés à l'époque stéphanienne par des felsophyres. La même succession a été signalée dans le Beaujolais, où les granulophyres montrent une pâte nettement microgranulitique. Ces granulophyres ne dépassent pas les couches dinantiennes. Plus tard sont venus les porphyres à quartz globulaire, et enfin un felsophyre formant la dernière coulée de la région.

En Auvergne, les épanchements microgranulitiques forment les dykes de Thiers et de Chaudesaigues. Dans la vallée de la Cère, on observe le passage des filons à travers les gneiss et les micaschistes.

Le dépôt des premières couches permiennes, dans le Morvan, a été accompagné de la sortie des porphyrites micacées. Les coulées recouvrent les assises houillères du Grand-Moloy (environs d'Autun), et aucune d'elles ne traverse le trias.

Beaucoup de ces roches ont une analogie remarquable avec les mélaphyres, et se sont épanchées dès le début de l'époque stéphanienne. On en signale qui ont le caractère d'épanchements boueux (*gore blanc*, *talourine*); c'est dans cette catégorie qu'il faut ranger le trapp de Fourneaux, supérieur aux assises houillères, la basanite de Noyant, la dioritine de Doyet et de Commentry. Ces dernières coupent l'étage stéphanien, et se retrouvent en galets à Montvicq, ce qui fixe leur apparition à la base de l'époque permienne.

La houille de Commentry s'est transformée en coke, au contact des porphyrites micacées.

Massif de la Montagne-Noire. — Dans la Montagne-Noire, les roches les plus anciennes sont les diabases, qui forment des dykes alignés dans les terrains anciens, elles ne traversent pas de sédiments supérieurs aux couches dévoniennes (Bergeron).

Les granites sont alignés suivant la direction générale du massif.

La granulite forme des filons sur les bords des massifs de gneiss.

Les granophyres sont postérieurs au dévonien.

Les porphyrites andésitiques à pyroxène traversent le stéphanien, et pénètrent la base des assises permiennes (étage autunien).

Massif des Pyrénées. — La succession des roches éruptives se retrouve dans les Pyrénées.

Le granite apparaît en plusieurs points : il forme le sommet du Néthou, et son injection modifie profondément les schistes précambriens, qu'il rend maclifères.

Des galets de granite se trouvent dans les conglomérats siluriens, et dans les poudingues permiens.

Une pegmatite à grands cristaux, et à mica palmé, qui se rattache évidemment à la granulite, traverse les schistes cambriens et même des schistes attribués au silurien supérieur.

Parmi les diabases et les diorites, beaucoup ont été décrites comme ophites. Mais les ophites vraies appartiennent à la série récente.

Massif des Maures et de l'Esterel. — Au milieu des gneiss, on observe, dans cette région, une lherzolite, une diabase passant au gabbro et une amphibolite.

Les éruptions porphyritiques et mélaphyriques appartiennent à la période permienne.

Massif des Alpes. — Le granite forme dans les Alpes des filons d'une puissance considérable, au milieu des gneiss et des micaschistes. Le base du massif du Simplon est constituée par un granite supportant les gneiss et les micaschistes par l'intermédiaire du gneiss granitoïde.

Dans une grande partie des Alpes, la protogine remplace la granulite. Il paraît certain qu'elle a été injectée dans les chloritoschistes à une époque antérieure à la période carboniférienne. Le granite de Baveno (lac Majeur) semble aussi devoir être rattaché à la granulite, ainsi que la pegmatite tourmalinifère abondante dans la région.

Les épanchements de roches porphyriques sont aussi très importants.

Dans les Alpes françaises, on signale, au milieu de grès et de poudingues carbonifériens, des orthophyres et des tufs orthophyriques (chaîne des Grandes-Rousses).

Puis ont apparu, au Lautaret, des granophyres dont une variété amphibolique passant à l'orthophyre traverse le stéphanien, au mont Thabor, et s'épanche en coulées dans des couches inférieures au trias.

Le carboniférien de la région des Alpes françaises est traversé par des porphyrites, on y a découvert des felsophyres évidemment permiens (Lory).

La diorite passe, dans les Alpes, à l'euphotide, qui elle-même se transforme en serpentine, dont les filons traversent des schistes lustrés permiens.

Dans ces schistes, la serpentine apparaît en nappes stratiformes, et l'euphotide en dykes, dont la serpentine forme les épanchements latéraux. Au mont Genèvre, les épanchements latéraux de l'euphotide sont : d'un côté, la serpentine ; de l'autre, la variolite de la Durance.

Ces roches sont aujourd'hui reconnues comme appartenant à l'ère primaire, les plus récentes seraient des mélaphyres ophitiques d'âge permien.

Quant aux serpentines du mont Viso, intercalées dans les schistes à glaucophane, elles sont inférieures au trias supérieur.

Les autres régions européennes montrent, dans les roches éruptives, le même ordre de succession que dans les diverses régions de la France. On retrouve aussi cet ordre hors de l'Europe, on l'a observé notamment en Égypte et dans les deux Amériques.

Roches éruptives anciennes.

Acides	Granites	Période archéenne. — précambrienne. — silurienne.
	Granulites	Période dévonienne. — carboniférienne.
	Granophyres	Période précambrienne. — carboniférienne. — permienne.
	Felsophyres	Période précambrienne. — permienne.
Neutres	Porphyrites	Période précambrienne. — dévonienne. — carboniférienne.
Basiques	Diabases	Période archéenne. — précambrienne. — silurienne.
	Diorites	Période silurienne.
	Mélaphyres	Période permienne.

II. — Série récente.

Succession des types. — De même que dans la série ancienne, les épanchements basiques fraient la voie aux types plus acides. Les andésites précèdent les rhyolites, et font place, peu à peu, aux dacites.

L'hypothèse d'une séparation qui tend à rendre le magma sous-jacent de plus en plus acide se présente encore dans la série récente, toutefois une éruption basique a clos, presque uniformément, la série des émissions volcaniques.

Dans l'Amérique méridionale, les andésites prédominent; aucun des types récents ne mérite le nom de basalte ou de rhyolite. Tandis que ces formes se présentent dans l'Amérique du Nord.

Absence des roches granitiques. — La série récente renferme peu de types granitiques et ce fait est aisément explicable.

Les roches granitiques se sont consolidées lentement à une grande profondeur et sous une forte pression, il a fallu, pour les débarrasser de la couverture sous laquelle elles se sont solidifiées, une érosion puissante. Les granites modernes ne peuvent donc apparaitre qu'exceptionnellement.

Il faut ajouter que certains volcans actuels rejettent des fragments de roches nettement granitiques, telles qu'on n'en rencontre pas dans le voisinage; ce qui permet d'admettre leur existence dans la profondeur.

Répartition géographique des épanchements. — En Europe, aucune émission d'âge secondaire ne s'est produite au Nord des latitudes des Alpes ou des Pyrénées.

Dans ces régions, les éruptions ont amené, pendant l'ère primaire, la formation d'une chaîne de montagnes, aujourd'hui disparue, mais dont la direction est indiquée par les bandes granitiques qui vont de la pointe de Bretagne jusqu'en Bohême (chaîne des monts Hercyniens). L'effort orogénique qui a amené la formation de cette chaîne s'éteint avec la période permienne, et le sol de l'Europe prend, dès cette époque, une stabilité qu'aucune dislocation importante n'a troublée (A. de Lapparent).

Dans le Sud, au contraire, la stabilité était moindre, de grands plis indiquaient la formation des Alpes, et les mouvements qui en résultaient ont amené des dislocations considérables qui facilitaient l'épanchement de mélaphyres, d'ophites, de spilites.

Dans l'Europe septentrionale, les éruptions ont repris vers le milieu de l'ère tertiaire, pendant la période éocène.

Entre le Rhin et les Vosges, s'était creusée une faille profonde, où s'avançait la mer; une fracture s'était de même produite à travers le Plateau Central, dans la Limagne, ces dépressions ont servi de voies à des épanchements trachytiques, andésitiques et basaltiques.

Sur la région de fractures nées de l'effondrement des terres atlantiques, se sont produites en Islande et dans la Grande-Bretagne des émissions basaltiques.

D'après cela, on peut diviser les éruptions récentes en deux grands groupes : les *éruptions d'âge secondaire*, et les *éruptions d'âge post-secondaire*.

Éruptions d'âge secondaire. — En France, on ne rencontre les traces de l'activité éruptive que dans le Morvan, le Beaujolais et certaines régions des Pyrénées.

Morvan et Beaujolais. — Ce sont des émissions calcédonieuses affectant l'aspect d'émanations thermales, que l'on observe dans ces régions.

Ces émissions ont rempli des filons dans les roches anciennes, et formé, aussi dans les marnes triasiques, des nappes assez épaisses, elles se sont interrompues pendant le dépôt des couches rhétiennes, puis ont repris pour se terminer vers la fin de la période liasique (Vélain). Le quartz de ces émissions est accompagné de carbonate de cuivre, de pyrite, d'oligiste, de galène, de fluorine et de barytine, qui attestent sa liaison avec des phénomènes de filons métallifères.

Pyrénées. — Dans les Pyrénées, il semble possible d'assigner aux ophites une venue au jour pendant l'ère secondaire. Dans le bassin de Saint-Jean-Pied-de-Port, on observe des coulées d'ophite, au milieu de couches du trias supérieur, et recouvertes par les couches du lias (A. Michel Lévy).

La lherzolite a fait irruption au milieu des calcaires du lias moyen. Cette roche a fourni des éléments clastiques aux calcaires du jurassique supérieur (Lacroix).

Alpes. — Les manifestations éruptives secondaires se montrent à la partie supérieure du trias, et à la base de lias. Dans les Alpes du Dauphiné, ce sont des mélaphyres et des mélaphyres andésitiques (ouest du mont Pelvoux).

Tyrol. — Hors de France, les éruptions secondaires ont eu une grande importance, au bord de la chaîne des Alpes; on constate, dans le Tyrol, quatre venues successives :

1° Une roche de composition variable, syénite ou diabase, la *monzonite*, qui a métamorphisé la roche encaissante ;

2° Une granulite tourmalinifère ;

3° Une mélaphyre et un porphyre augitique;

4° Une porphyrite à orthose et à liebénérite.

Éruptions d'âge post-secondaire. — En France, le Plateau Central a été, depuis la fin de la période éocène jusqu'à la fin des temps pleistocènes, le siège d'une activité éruptive considérable. Les manifestations volcaniques sont, pour ainsi dire, concentrées dans le Cantal, le Mont-Dore, la chaîne des Puys, le Velay et le Vivarais.

Cantal. —. Dans cette région, les couches supérieures de l'aquitanien (fin de la période oligocène) sont recouvertes par la roche éruptive la plus ancienne. C'est un basalte à grain fin, dit *basalte miocène*, car il recouvre presque partout les graviers à *Hipparion* d'âge tortonien.

La sortie de ce basalte a été suivie d'une période de repos, pendant laquelle les érosions ont modifié le relief du pays. Puis est venu un épanchement domitique dont le relief maximum est au Lioran.

A Thiézac (vallée de la Cère), la domite se montre sur une épaisseur de 100 mètres, superposée aux gneiss et au calcaire miocène. Elle contient des cristaux de sanidine, de mica, de sphène et des microlithes d'orthose, ainsi que des fragments de gneiss et de granulite.

Les cinérites de la vallée de l'Alagnon sont contemporaines, sans doute, de cette domite.

Après sa formation, un cratère s'est ouvert entre Murat et Aurillac, et a donné issue aux blocs du *conglomérat trachytique* ou de la *brèche andésitique*, qui atteint à Thiézac 200 mètres de puissance.

C'est au milieu de cette brèche que s'intercalent les cinérites pliocènes du Cantal, cendres andésitiques contenant des fragments du basalte ancien et de la domite. Ces cendres agglutinées forment une roche analogue au gore blanc du terrain houiller. Le gisement des plantes fossiles de la Mougudo appartient à ces cinérites.

A la brèche andésitique ont succédé des coulées de basalte à grands cristaux d'augite et d'olivine (*basalte porphyroïde*), qui traversent la brèche en filons épais divisés transversalement en prismes horizontaux.

Un dernier dépôt de brèche andésitique trahit une nouvelle émission de blocs. Cette brèche, plus dure que celle de la base, ne renferme ni gneiss, ni granite, ni calcaire, ni silex.

Elle est recouverte par des andésites à amphibole et à labrador (*trachytes*) qui jouent le principal rôle dans la formation du massif du Cantal, formant les sommets culminants de la crête depuis le Lioran jusqu'au Puy Mary. On les exploite même comme pierre de taille.

Après l'épanchement de l'andésite, les phonolithes, accompagnées de rétinites, d'obsidienne et de formations d'aragonite, ont formé quelques cimes culminantes.

Depuis la cime du Cantal jusqu'à la pointe de la Corrèze, on observe une coulée de phonolithe souvent coupée et qui donne sur les bords de la Dordogne les *orgues de Bort*.

A l'époque du pliocène supérieur, a eu lieu une véritable inondation basaltique (A. de Lapparent). Les coulées de basalte se sont solidifiées en prismes de 25 à 50 mètres de hauteur.

Ce basalte, dit *basalte des plateaux*, forme le sommet du Plomb du Cantal, les *orgues* de Murat et de Saint-Flour ; il est contemporain du basalte qui a couvert le massif du Cézallier entre le mont Dore et le Cantal. Ce basalte du Cézallier s'est épanché sur une argile, que la chaleur de la coulée a transformée en porcelanite, cette argile est superposée à un gisement de végétaux pliocènes, ce qui donne avec précision l'âge du basalte.

Des traces de cratères, ou au moins de formations semblables aux cratères, se distinguent dans le basalte des plateaux. Les plateaux de Solers et de Mauriac à l'ouest, et au sud le plateau de la Planèze qui s'étend jusqu'aux monts de la Margeride, sont constitués par le basalte pliocène du Cantal. La nappe de basalte franchit même la Dordogne et se trouve superposée aux gneiss et aux micaschistes, dont la séparent un lit d'argile et un lit de cailloux roulés contenant des blocs de gneiss, de granulite et d'andésite.

La nappe basaltique des plateaux est formée par la superposition de coulées distinctes (Fouqué). Les anciens foyers d'éruption sont reconnaissables aux accumulations de scories. On observe à Montchanson de vrais cônes; dans d'autres localités, le cratère est encore reconnaissable.

Massif du Mont Dore. — Dans cette région, les formations volcaniques reposent sur un soubassement granitique, d'après l'ordre suivant :

1° *Cinérite inférieure*, appliquée directement, en quelques points, sur le granite. Elle est blanche, comparable à la domite, et contient des intercalations de rhyolites, de perlites, de phonolithes feldspathiques et de trachytes phonolithiques. Elle est, parfois, remplacée par un basalte porphyroïde appliqué sur les couches miocènes supérieures ;

2° *Cinérite supérieure*, de couleur claire, elle renferme des blocs de basalte projetés. Elle forme la plus grande masse du Mont Dore. Au lac Chambon, elle contient des empreintes végétales qui semblent d'âge pliocène moyen. Au Pic du Sancy, on observe, à la base de ces cinérites, des tufs trachytiques transformés en alunite par des émanations solfatariennes ;

3° *Andésites et Trachytes.* La cinérite a été traversée par des trachytes à grands cristaux de sanidine. Ces trachytes forment les cimes les plus élevées de la région (Pic du Sancy, rocher du Capucin) ; ces trachytes sont eux-mêmes coupés par des coulées d'andésite augitique à cristaux de hornblende ;

4° *Phonolithe.* La phonolithe, pauvre en néphéline, constitue les pitons de la roche Tuilière et de la roche Sanadoire ;

5° *Basalte des plateaux.* Ce basalte est postérieur aux éruptions acides du volcan ; il y en a plusieurs variétés, plus ou moins feldspathiques. Les moins feldspathiques sont les plus récentes. Toutes datent du pliocène moyen, ou du début du pliocène supérieur ;

6° *Basaltes des pentes*, voisins des labradorites et recouverts par les basaltes pleistocènes des Puys.

Dans le Cantal, l'ère des éruptions s'est définitivement close avec l'épanchement de basalte, il n'en a pas été ainsi au Mont Dore.

Sur les flancs du massif, à une époque relativement récente, quoique préhistorique, s'est ouvert le cratère du Tartaret, qui a donné lieu à une coulée de lave épanchée sur 20 kilomètres dans la vallée de la Couze. Cette lave repose sur une argile renfermant des ossements de cheval et des débris de mollusques actuels. La coulée en barrant la vallée de Chaudefour forme le lac Chambon.

L'explosion qui a déterminé le creusement du cratère qui renferme le lac Pavin est contemporaine de la formation du Tartaret. Les laves expulsées par les cratères de Montcineyre et de Montchat ont suivi les vallées de Besse et de Compains.

Chaîne des Puys. — La formation volcanique la plus ancienne de la chaîne des Puys est un épanchement de basalte miocène qui forme une coulée superposée à l'aquitanien.

Ensuite, est venue la domite, qui constitue un certain nombre de puys (Puy de Dôme, Puy Chopine, etc.). Cette roche a dû apparaître sur un plateau ayant subi les érosions de l'époque pliocène, elle s'est montrée sous forme d'intumescence pâteuse. Après la sortie de la domite, la chaîne des Puys a subi des épanchements de basaltes inférieurs (Laves de Royat et du Puy de Dôme), d'andésites (Laves de Volvic et de Font-Mort), de labradorites (Lave de la Sioule), enfin des basaltes supérieurs, contemporains des laves du Tartaret.

Massif du Velay. — Dans le Velay, il y a eu un grand nombre de centres éruptifs distincts. Les coulées les plus anciennes sont des basaltes contenant des intercalations à végétaux fossiles du miocène supérieur. Ces basaltes supportent des masses trachytiques sur lesquelles reposent des coulées de labradorite augitique, d'andésite augitique et d'un basalte compact, porphyroïde, l'ensemble appartenant au pliocène inférieur.

Au début du pliocène moyen, se sont produites les éruptions de phonolithe du Mézenc, et du mont Gerbier-des-Joncs, et l'activité volcanique s'est éteinte après la venue d'un basalte qui recouvre tout le massif.

Iles Britanniques. — Pendant longtemps, les éruptions ont produit des coulées de basalte et de dolérite, édifiant de grands plateaux basaltiques, traversées, plus tard, par des roches basiques, dolérites et gabbros.

Dans les Hébrides, a eu lieu, plus tard encore, une éruption de roches acides rappelant les éruptions primaires. C'est d'abord le granite à amphibole ou syénite de Skye, qui passe à des granophyres très abondants, par l'intermédiaire d'un microgranite ou d'une micropegmatite.

Dans la même série, les géologues rangent le granite d'Arran, et les felsophyres des Hébrides.

La venue de ces roches acides a été suivie d'une émission basique moins importante; puis, finalement, apparaissent des dykes de rétinite.

Les premières manifestations volcaniques datent de l'éocène; les dernières, du miocène.

Bohême. — Les roches volcaniques de cette contrée traversent les couches crétacées et éocènes. Toutes sont antérieures à la fin du pliocène.

Les plus anciennes sont les leucitites, puis les néphélinites, les phonolithes et enfin les basaltes.

Hongrie. — Les épanchements se sont succédé dans l'ordre suivant :

1° Les dépôts tertiaires sont interrompus par des labradorites, et des andésites augitiques. Cette première série est remarquable par l'abondance des émanations métallifères.

2° A l'époque miocène, des dacites sont venues au jour.

3° Des andésites amphiboliques traversent les roches des deux premières séries. A ces andésites sont subordonnées des formations tufacées d'âge miocène.

4° Des rhyolites ont succédé aux andésites amphiboliques; elles coupent les dacites et les tufs, et sont recouvertes par des dépôts pleistocènes.

En Hongrie, on observe des tufs rhyolitiques contenant de l'opale, ce qui indique des émanations du genre des geysers actuels.

5° La série éruptive se termine par des coulées abondantes de basalte.

Pyrénées. — Il existe des épanchements d'ophite qui semblent d'âge supra-crétacé. En Portugal, l'ophite traverse un calcaire lacustre tertiaire; les ophites d'Andalousie sont regardées comme du même âge.

Dans les Hautes-Pyrénées, à Pouzac, la diabase ophitique est en rapport avec une syénite éléolitique traversant un calcaire crétacé.

Italie, Europe orientale, Caucase. — En Italie, dans l'Europe orientale, dans la région du Caucase, la succession des roches d'âge secondaire présente, dans ses traits principaux, une analogie complète avec celle des roches éruptives secondaires de la France, et des régions européennes que nous avons résumées.

Amérique septentrionale. — Dans les Montagnes Rocheuses, les éruptions tertiaires sont analogues à celles de la Hongrie.

A une époque post-crétacée mais antérieure au

miocène, sont venues des andésites amphiboliques; puis, pendant le miocène, des andésites pyroxéniques et des dacites.

A celles-ci ont succédé des trachytes à sanidine.

Au début du pliocène, apparaissent les rhyolites, très communes dans cette région. Elles sont d'abord vitreuses, bréchiformes, puis deviennent porphyroïdes, quelques-unes sont poreuses ou perlitiques.

Un basalte à néphéline, associé à une dolérite, semble clore la série des épanchements, il traverse en plusieurs points les rhyolites.

Le massif volcanique du Yellowstone a été le siège d'une activité éruptive considérable pendant les périodes éocène et miocène, elle a décru pendant la période pliocène pour se clore dans les temps pleistocènes. Les roches s'y succèdent dans l'ordre suivant :

1° Andésites avec types granitoïdes et types trachytiques.

2° Rhyolites très développées passant du type holocristallin à l'obsidienne. Celle-ci est parfois divisée en colonnes.

3° Basaltes recouverts par les blocs erratiques des temps glaciaires.

Les rhyolites sont parfois changées en argilolites, ce qui décèle l'action d'émanations solfatariennes.

Amérique méridionale. — L'action volcanique tertiaire se traduit dans la chaîne des Andes par des épanchements d'andésites et de trachytes quartzifères, contemporains de l'éocène inférieur.

On signale, dans les andésites, des roches granitoïdes récentes parmi lesquelles des granites francs et des diorites.

Ce sont les roches éruptives les moins anciennes;

on les observe au Chili, et dans la République Argentine.

Roches éruptives récentes.

Acides...	Granite, Granulite	Période éocène.
	Granophyres et Felsophyres.	Période miocène.
	Rhyolites, Obsidienne	Ère tertiaire (éocène et miocène).
	Rétinite	
Neutres..	Dacite	Période miocène.
	Andésites	Période miocène.
	Porphyrites	Période supra-jurassique. — infra-crétacée.
	Phonolithes	Période miocène. Période pliocène.
	Domite	Période pliocène supérieure.
Basiques.	Dolérite	Période éocène.
	Diorite	Période éocène.
	Ophite	Période triasique. — post-crétacique.
	Basaltes et Labradorites	Période oligocène. — miocène. — pliocène.

TABLE ALPHABÉTIQUE

TABLE DES MATIÈRES

972-95. — Corbeil. Imprimerie Éd. Crété.

Traité élémentaire de physique, par E. IMBERT, professeur de physique à la Faculté de Montpellier, 1896, 2 vol. in-8 avec 400 fig. .... 15 fr.

Manipulations de physique, par A. LEDUC, maître de conférences à la Faculté des sciences de Paris, 1895, 1 vol. in-8 de 300 pages avec 100 fig. .... 6 fr.

Manipulations de physique, par H. BUIGNET, professeur à l'Ecole de Pharmacie, 1 vol. in-8, avec 265 fig. et 1 pl. Cart. 16 fr.

Dictionnaire d'électricité, par Julien LEFÈVRE. Introduction par M. BOUTY, professeur à la Faculté des Sciences de Paris, 2e *édition*, 1895, 1 vol. gr. in-8 avec 1250 fig.... 30 fr.

Traité élémentaire de chimie, par R. ENGEL, professeur à l'École centrale, 1895, 1 vol. in-8 de 800 pages avec 200 fig. 8 fr.

Précis de chimie atomique, en tableaux schématiques coloriés, par DEBIONNE, professeur à l'École de médecine d'Amiens, 1896, 1 vol. in-16 avec 43 pl. coloriées. Cart........ 5 fr.

Manipulations de chimie, par E. JUNGFLEISCH, professeur au Conservatoire des Arts et Métiers, 2e *édition*, 1893, 1 vol. gr. in-8, avec 374 fig., cartonné........ 25 fr.

Manipulations de chimie, par J. VILLE, professeur de chimie médicale à la Faculté de Montpellier. 1893, 1 vol in-18 jésus, avec fig. cart........ 4 fr.

Nouveau dictionnaire de chimie, par E. BOUANT. Introduction par M. TROOST, membre de l'Institut. 1 vol. gr. in-8, 650 fig........ 25 fr.

Traité élémentaire de zoologie, par Léon GÉRARDIN, professeur aux écoles Monge et Turgot. 1893, 1 vol. in-8 de 472 p., avec 500 fig. .... 6 fr.

Éléments de zoologie, par Henri SICARD, doyen de la Faculté des sciences de Lyon. 1 vol. in-8 de XVI-842 p., avec 758 fig., cartonné .... 20 fr.

Éléments d'anatomie comparée, par Rémy PERRIER, chargé du cours du P. C. N., à la Faculté des sciences de Paris, 1893. 1 vol. in-8, avec 650 fig. et 8 pl. en couleurs, cart... 22 fr.

Manipulations de zoologie, par Paul GIROD, professeur à la Faculté des sciences de Clermont-Ferrand, 1892, 2 vol. gr. in-8, avec 57 planches noires et coloriées, cart........ ..... 20 fr.

Anatomie et physiologie animales, par Mathias DUVAL, professeur à la Faculté de médecine de Paris, et P. CONSTANTIN, professeur au lycée Michelet, 2e *édition*. 1894, 1 vol. in-8, 550 p., 472 fig. .... 6 fr.

La cellule animale, par J. CHATIN, professeur-adjoint d'histologie à la Faculté des sciences de Paris, 1892, 1 vol. in-16, de 304 p., avec 149 fig. .... 3 fr. 50

Faune de France, contenant la description de toutes les espèces indigènes disposées en tableaux analytiques, par A. ACLOQUE. Préface de Ed. PERRIER, professeur au Muséum. *Coléoptères*, 1 vol. in-18 jésus de 466 p., avec 1052 fig. 8 fr.

Traité de zoologie agricole et industrielle, par P. BROCCHI, professeur à l'Institut agronomique. 1 vol. gr. in-8, avec 603 fig., cart. .... 18 fr.

Traité de zootechnie générale, par Ch. CORNEVIN, 1891. 1 vol. gr. in-8 de 300 p., avec 100 fig. .... 22 fr.

Traité élémentaire de botanique, par Léon GÉRARDIN, professeur aux Écoles Monge et Turgot, 1895, 1 vol. in-8 de 600 p., avec 500 fig. . . . . 8 fr.

Éléments de botanique, par P. DUCHARTRE, professeur à la Faculté des sciences de Paris. 3e *édition*. 1 vol. in-8, avec 571 fig. Cart. . . . . 20 fr.

Cours élémentaire de botanique, par D. CAUVET. 1 vol. in-18 jésus, avec 784 fig. cart. . . . . 10 fr.

Manipulations de botanique, par P. GIROD. 1895, 1 vol. gr. in-8, avec 35 pl. Cartonné. . . . . 12 fr.

Les plantes des champs et des bois, par Gaston BONNIER, professeur à la Faculté des sciences de Paris. 1 vol. in-8 avec 873 figures et 30 pl. en couleur. 24 fr.

Flore de France, par A. ACLOQUE, 1894, 1 vol in-16 avec 2165 fig. . . . . 12 fr. 50

Le monde des plantes, par P. CONSTANTIN, 1896, 2 vol. gr. in-8 de 750 pages avec 2,500 fig. (*Collection des Merveilles de la Nature de Brehm*). . . . . 24 fr.

Atlas-manuel de botanique, par Joseph DENIKER, bibliothécaire du Muséum. 1 vol. in-4 de 400 pages, avec 200 pl., in-4, comprenant 3.300 fig., cartonné. 30 fr.

Edition en couleurs, 1 vol. in-4 de 400 pages, avec 200 planches coloriées, cartonné. . . . . 100 fr.

Traité de botanique agricole et industrielle, par J. VESQUE, maître de conférences à la Faculté des sciences, 1 vol. in-8 avec 598 fig., cart. . . . . 18 fr.

Éléments de paléontologie, par Félix BERNARD, assistant au Muséum, 1895, 1 vol. in-8, avec 612 figures. Cartonné. 25 fr.

Éléments de géologie, par CONTEJEAN, professeur à la Faculté des sciences de Poitiers, 1 vol. in-8, avec 467 fig., cart.. 16 fr.

La Terre, géographie physique, géologie et minéralogie, par F. PRIEM, professeur au lycée Henri IV. 1893, 1 vol. gr. in-8, avec 757 fig. (*Collection des Merveilles de la Nature de Brehm*).. 12 fr.

La Terre avant l'apparition de l'homme, périodes géologiques, faunes et flores fossiles, géologie régionale de la France, par F. PRIEM, 1894, 1 vol. gr. in-8, avec 700 fig. (*Collection des Merveilles de la Nature de Brehm*).... 12 fr.

Les ancêtres de nos animaux, par GAUDRY, professeur au Muséum d'histoire naturelle, membre de l'Institut. 1 vol. in-16, avec 49 fig.. 3 fr. 50

Les cavernes et leurs habitants, par Julien FRAIPONT, professeur à l'Université de Liège. 1896, 1 vol. in-16, avec 89 fig.. 3 fr. 50

Géologie des environs de Paris, par Stanislas MEUNIER, professeur au Muséum, 1 vol. in-8, avec 112 fig...... 10 fr.

Les problèmes de la géologie et de la paléontologie, par Th. HUXLEY, 1892, 1 vol. in-16, avec 34 fig......... 3 fr. 50

Traité des roches, par H. COQUAND, 1 vol. in-8, avec 72 fig.. 7 fr.

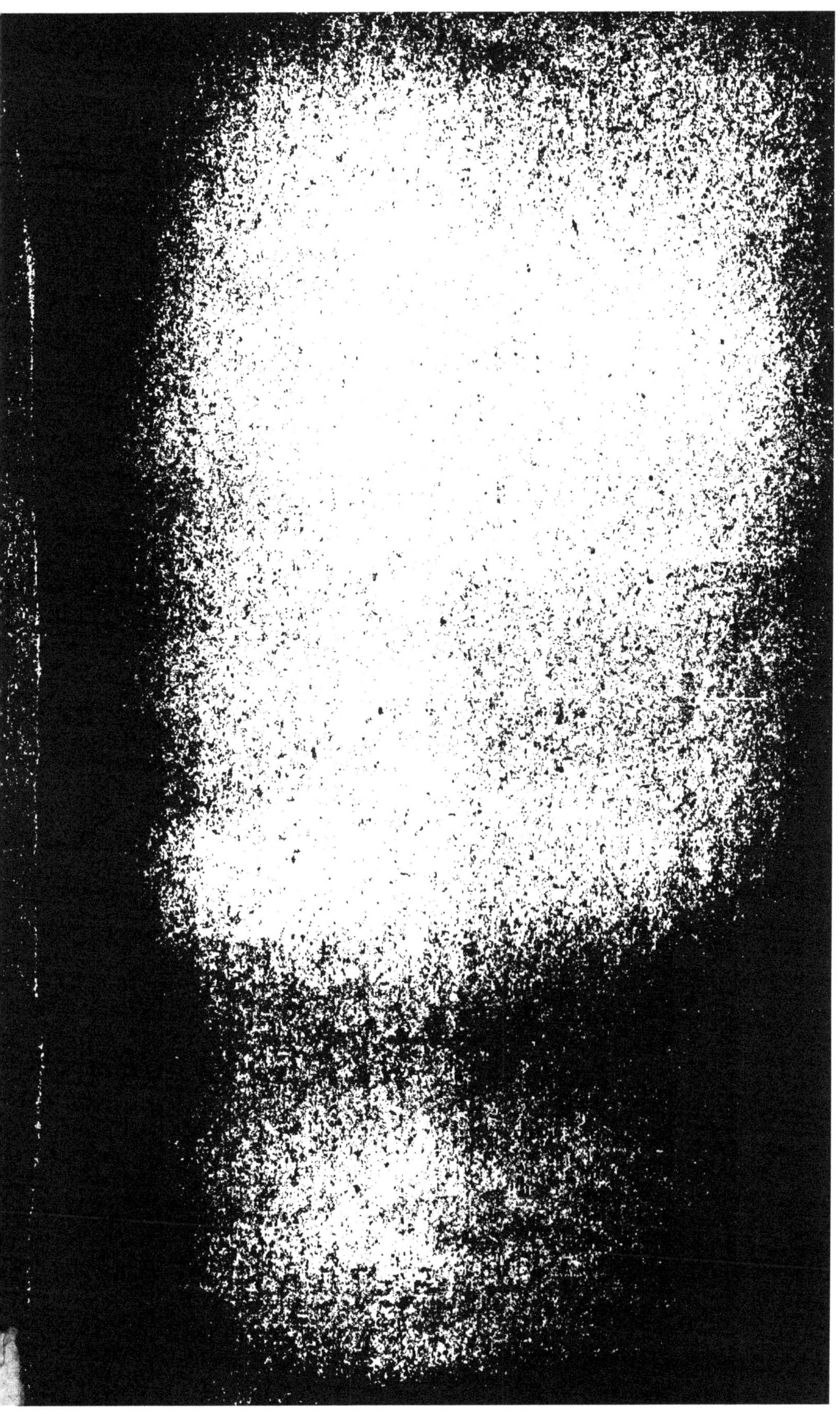

www.ingramcontent.com/pod-product-compliance
Ingram Content Group UK Ltd.
Pitfield, Milton Keynes, MK11 3LW, UK
UKHW020557230726
13926UKWH00005B/2071

9 782013 612234